写给孩子们的百科全书
动物王国

贝贝狗童书馆 / 编著

中国水利水电出版社
www.waterpub.com.cn
·北京·

内 容 提 要

本书介绍了动物的基础知识，按照动物的种类以专题的形式介绍动物的体貌特征和生活习性，并配有丰富的手绘图片和彩色照片。本书将会带领孩子们走进动物的世界，让孩子们感受动物世界的神奇。本书的内容丰富，脉络清晰，语言通俗易懂，融趣味性、知识性和科学性于一体，是一本适合儿童阅读的科普性读物。

图书在版编目（C I P）数据

动物王国 / 贝贝狗童书馆编著. -- 北京 ：中国水
利水电出版社，2018.6
　（写给孩子们的百科全书）
ISBN 978-7-5170-6440-4

Ⅰ．①动… Ⅱ．①贝… Ⅲ．①动物－儿童读物 Ⅳ.
①Q95-49

中国版本图书馆CIP数据核字（2018）第099029号

策划编辑：杨庆川 责任编辑：杨元泓 加工编辑：张天娇 封面设计：创智明辉

书　　名	写给孩子们的百科全书 动物王国 DONGWU WANGGUO
作　　者	贝贝狗童书馆　编著
出版发行	中国水利水电出版社 （北京市海淀区玉渊潭南路1号D座　100038） 网址：www.waterpub.com.cn E-mail：mchannel@263.net（万水） 　　　　sales@waterpub.com.cn 电话：（010）68367658（营销中心）、82562819（万水）
经　　售	全国各地新华书店和相关出版物销售网点
排　　版	北京万水电子信息有限公司
印　　刷	天津联城印刷有限公司
规　　格	210mm×255mm　16开本　7.5印张　192千字
版　　次	2018年6月第1版　2018年6月第1次印刷
印　　数	0001—5000册
定　　价	39.80元

凡购买我社图书，如有缺页、倒页、脱页的，本社营销中心负责调换

前 言

　　我们生活在一个奇妙的大自然里，这里有熊猫、狮子、老虎，还有蜻蜓、蜘蛛、蟑螂，还有好多好多其他动物。我们对动物多多少少都会有些了解，那你知道老虎的尾骨有多少节吗？鳄鱼为什么会流眼泪呢？珊瑚是动物还是植物呢？如果你能回答正确，说明你对动物的了解很深；如果答不出来，就说明你应该好好了解它们了。这本书将会为你展示神奇的动物世界，让你通过简单的阅读就可以了解它们。

　　本书按照动物的种类，以专题的形式介绍动物的体貌特征和生活习性。讲解动物的基础知识，配有丰富的手绘图片和彩色照片，采用图解的百科形式详细讲解动物的成长过程，并设置了"小档案"，格式简单明了，层次清晰。

　　本书知识涵盖量大，脉络清晰，语言通俗易懂，融趣味性、知识性和科学性于一体，是一本适合儿童阅读的科普性读物。栏目丰富，解析透彻，严格依照孩子学习知识的特点和阅读的习惯编写，贴合孩子成长规律和能力发展的实际，是提升孩子各方面能力的好伙伴，是老师和家长的好助手。

　　本书将会带领你走进动物的世界，让你感受动物世界的神奇。

目录

前言

008　**本书特色**

第一章　陆地上的哺乳动物

012　"兽中之王"狮子

014　"万兽之皇"老虎

016　身手敏捷的"猎手"豹

018　巍峨如山的大象

020　胆小的大高个长颈鹿

022　袋鼠妈妈有袋袋

024　"沙漠之舟"骆驼

026　聪明狡猾的狼

028　机智的小猴子

030　人类的"亲戚"猩猩

032　国宝大熊猫

034　自带 GPS 的蝙蝠

036　全身兵器的刺猬

CONTENTS

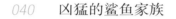

第二章　海洋中的精灵

040　凶猛的鲨鱼家族

042　"水中的音乐家"鲸

044　高智商的海豚

046　"北极霸主"北极熊

048　不会飞的企鹅

050　美丽的珊瑚和会发光的水母

052　呆萌的海豹和海狮

054　生性好斗的龙虾

056　"海底将军"螃蟹

第三章　两栖和爬行动物

060　"水中霸主"鳄鱼

064　"四只脚的蛇"蜥蜴

目录

066　无足爬行的蛇

070　缩手缩脚的龟

072　"人类的朋友"青蛙

第四章　人类的亲密伙伴

076　忠实可靠的狗狗

078　软萌可爱的猫咪

080　帅气英俊的马儿

082　任劳任怨的牛

084　尾巴短短的兔子

086　会下蛋的鸡、鸭、鹅

第五章　小虫子的大世界

090　"美丽天使"蝴蝶

092　辛劳的小蜜蜂

CONTENTS

094 喜欢织网的蜘蛛

096 蜻蜓会点水

098 会变色的蝗虫

100 好斗的锹形虫

102 团结的蚂蚁

第六章   鸟类大家族

106 "暗夜使者"猫头鹰

108 翱翔天际的雄鹰

110 会说话的鹦鹉

112 不会飞的鸵鸟

114 针叶林里的小鸟儿

116 会"唱歌"的鸟儿

118 沙漠里也有鸟儿

写给孩子们的百科全书
动物王国 *DongWuWangGuo*

身手敏捷的"猎手"豹

豹子是动物中最成功的猎手之一。从沙漠到雨林，从平原到高原，豹子不论走到哪里都能生存。豹子总共约有24个种类，猎豹是豹的一种，除此之外还有擅长爬树的金钱豹，生活在热带、亚热带高山丛林的体型较小的云豹，深居在海拔几千米高的雪山中的雪豹。各种豹子的差别不大，只是轮廓线和皮毛的颜色稍有差别。每只豹子的斑点都有它自己独特的图案。近年来，由于非法偷猎，豹子的数量正在逐渐减少，被人类逼得走投无路。

猎豹的躯干长1～1.5米，尾长0.6～0.8米，肩高0.7～0.9米，体重一般为50千克左右。雄猎豹的体型略微大于雌猎豹。猎豹背部的颜色是淡黄色，而腹部的颜色比较浅，通常是白色的。它们全身都有黑色的斑点，从嘴角到眼角有一道黑色的条纹，这道条纹就是我们用来辨别猎豹的一个特征。

训练小猎豹捕食

小猎豹常常跟随妈妈一起活动，妈妈也对儿女们悉心照顾。随着小猎豹渐渐长大，妈妈还要训练它们的捕猎本领。它们在一起玩耍，有时学着妈妈昂首阔步、窥探猎物的模样；有时相互追逐、彼此拍打，仿佛在追逐猎物似的；有时又扭斗在一起，相互摔打，犹如同猎物搏斗一样。

猎豹是短跑中的"冠军"，它的爆发力十分强，这和它的体格是分不开的。一方面，它尾巴的长度是身体的一半，这可以让猎豹在快速奔跑的时候维持身体的平衡；另一方面，猎豹的后腿比前腿长，就好像人类起跑时利用后腿发力提高起跑速度一样，因此它的爆发力自然很强。

1 基础知识介绍快速地让读者了解动物的种类、聚居地、体重、身长、主要食物等。

2 丰富的手绘图片和特写镜头，让读者看得更真实，仿佛触手可及。

5 动物身体部位的局部展示及特点介绍非常清晰。

③ 高清大图配上详尽的动物知识，让学习变得更加立体、生动、充满乐趣。

④ 介绍动物与众不同的生活习性，非常有趣。

把猎物藏在树上

别看金钱豹的身体只有60千克重，它却能将90千克重的猎物拖上大树。其实，这也是没有办法的办法，森林中的竞争是相当残酷的，不要说自己的猎物，甚至自己都有可能成为更强大动物的猎物。所以金钱豹将猎物藏在树上确实是明智之举。

豹子会大声吼叫吗？

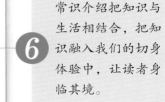

017

009

🐾 猎豹小档案

家庭出身： 脊椎动物亚门，哺乳纲，食肉目，猫科
聚居地： 非洲；亚洲，主要在印度的原始森林
奔跑速度： 短距离奔跑每小时可达130千米
主要食物： 野兔、鸟类、羚羊、斑马等

⑥ 常识介绍把知识与生活相结合，把知识融入我们的切身体验中，让读者身临其境。

第一章
陆地上的哺乳动物

哺乳动物具备了许多独特的特征，因而在进化过程中获得了极大的成功。例如，获得食物的能力增强，保持恒温，用肺呼吸，智力和感觉能力的进一步发展，繁殖效率的提高。哺乳和胎生是哺乳动物最显著的特征。胚胎在母体里发育，母兽直接产出胎儿。母兽都有乳腺，能分泌乳汁哺育兽崽。这一切都涉及身体各部分结构的改变，包括脑容量的增大，视觉和嗅觉的高度发展，呼吸、循环系统的完善和独特的毛皮覆盖体表，有助于维持其恒定的体温，从而保证它们在复杂的环境中生存。

"兽中之王" 狮子

　　狮子的体型巨大，是最著名的猫科霸主。狮子属于群居性动物，一个狮群成员之间并不会时刻待在一起，但是它们共享领地，相处比较融洽。例如，母狮们会互相舔毛、修饰毛发。

狮子中的 "王者"

　　狮子是群居动物，每个狮群都会有一个"狮王"，狮群中的每一个成员都有它们各自的位置。当捕到猎物时，别的狮子就算是再饿，也只能在狮王饱餐之后，才可以享受美餐。

狮子小档案

家庭出身： 脊椎动物亚门，哺乳纲，食肉目，猫科

聚 居 地： 非洲的热带草原和荒漠地带

体　　重： 雌狮平均133.6千克，雄狮平均193.3千克

主要食物： 蹄类动物

狮子与老虎谁更厉害啊？

好的心脏和肺能给狮子提供足够的氧气，让狮子跑得更快。它的肠子和胃只适合消化肉而不是植物，一旦狮子吃了一顿美味之后，它就可以好几天不用进食。

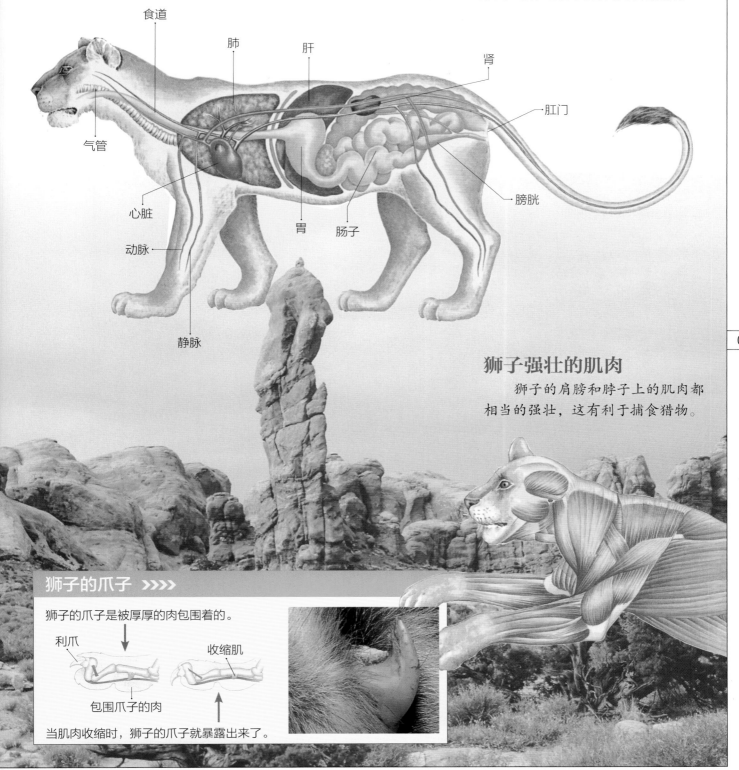

食道

肺

肝

肾

肛门

气管

膀胱

心脏

胃

肠子

动脉

静脉

狮子强壮的肌肉

狮子的肩膀和脖子上的肌肉都相当的强壮，这有利于捕食猎物。

狮子的爪子 >>>>

狮子的爪子是被厚厚的肉包围着的。

利爪

收缩肌

包围爪子的肉

当肌肉收缩时，狮子的爪子就暴露出来了。

"万兽之皇" 老虎

近年来，虎的数量在急剧减少，产于我国的东北虎、华南虎已到了濒危的程度。据文献报道，生活在野外的东北虎，在世界上也只有200多只。目前生活在我国境内的野生东北虎可能总共只有10只左右，加上动物园和饲养基地的也不过200多只。

 老虎小档案

家庭出身：脊椎动物亚门，哺乳纲，食肉目，猫科

聚 居 地：亚洲东部

体　　重：雄虎约120千克，雌虎约100千克

主要食物：哺乳动物

并排的13根大肋骨

宽大的肩骨

7根短的颈部脊椎骨

28节尾骨

老虎的骨骼结构图

后腿骨

有力的脚趾骨

善于伪装的外衣 >>>>

豹子身上有玫瑰花图案的斑点，形成了一层华丽的伪装。

老虎的皮毛有很多有规则的黑色条纹。

老虎和豹子都是善于伪装的大型捕猎动物，它们利用自身皮毛的特质和周围丛林的环境充分地伪装自己，轻而易举就可以捕获到自己的猎物。

长而有力的尾巴，让猎物们闻风丧胆

秘密武器——尾巴

　　不要以为老虎的牙齿是它最厉害的武器，其实，它的尾巴也是进攻的绝佳武器。只要它的尾巴轻轻一扫，猎物就会被它打晕过去，这时候，牙齿根本不用登台亮相。

锋利无比的虎牙

　　人们常用"老虎口里拔牙"这句话来形容做事情的难度极高，其实这是因为老虎口里的"虎牙"实在是太厉害了。尖锐锋利暂且不说，只要见到虎牙那阴森森的白光就足以让人窒息，更别提拔牙了。

老虎的耳朵

　　老虎的耳朵呈半圆状，而且很短。耳朵的背面是黑色的，中间有一块明显的大白斑。它的耳朵会传递不同的信息。当耳朵直立时，表示老虎发现周围有异常情况；当耳朵来回摆动时，表示老虎有些不耐烦了，警告其他动物离它远点。

身手敏捷的"猎手"豹

　　豹子是动物中最成功的猎手之一。从沙漠到雨林，从平原到高原，豹子不论走到哪里都能生存。豹子总共约有24个种类，猎豹是豹的一种，除此之外还有擅长爬树的金钱豹，生活在热带、亚热带高山丛林的体型较小的云豹，深居在海拔几千米高的雪山中的雪豹。各种豹子的差别不大，只是轮廓线和皮毛的颜色稍有差别。每只豹子的斑点都有它自己独特的图案。近年来，由于非法偷猎，豹子的数量正在逐渐减少，被人类逼得走投无路。

　　猎豹的躯干长1~1.5米，尾长0.6~0.8米，肩高0.7~0.9米，体重一般是50千克左右。雄猎豹的体型略微大于雌猎豹。猎豹背部的颜色是淡黄色，而腹部的颜色比较浅，通常是白色的。它们全身都有黑色的斑点，从嘴角到眼角有一道黑色的条纹，这道条纹就是我们用来辨别猎豹的一个特征。

训练小猎豹捕食

　　小猎豹常常跟随妈妈一起活动，妈妈也对儿女们悉心照顾。随着小猎豹渐渐长大，妈妈还要训练它们的捕猎本领。它们在一起玩耍，有时学着妈妈昂首阔步、窥探猎物的模样；有时相互追逐、彼此拍打，仿佛在追逐猎物似的；有时又扭斗在一起，相互摔打，犹如同猎物搏斗一样。

　　猎豹是短跑中的"冠军"，它的爆发力十分强，这和它的体格是分不开的。一方面，它尾巴的长度是身体的一半，这可以让猎豹在快速奔跑的时候维持身体的平衡；另一方面，猎豹的后腿比前腿长，就好像人类起跑时利用后腿发力提高起跑速度一样，因此它的爆发力自然很强。

把猎物藏在树上

　　别看金钱豹的身体只有60千克重，它却能将90千克重的猎物拖上大树。其实，这也是没有办法的办法，森林中的竞争是相当残酷的，不要说自己的猎物，甚至自己都有可能成为更强大动物的猎物。所以金钱豹将猎物藏在树上确实是明智之举。

豹子会大声吼叫吗？

017

🥄 猎豹小档案

家庭出身： 脊椎动物亚门，哺乳纲，食肉目，猫科
聚 居 地： 非洲；亚洲，主要在印度的原始森林
奔跑速度： 短距离奔跑每小时可达130千米
主要食物： 野兔、鸟类、羚羊、斑马等

巍峨如山的大象

　　大象是世界上最大的陆栖哺乳动物，现存的大象主要有两种——亚洲象和非洲象。亚洲象生活于热带森林、丛林或草原地带，群居，由一只成年雄象率领，无固定栖息地。它们视觉较差，嗅觉、听觉灵敏，炎热时喜水浴。晨昏觅食，以野草、树叶、竹叶、野果等为食。非洲象生活在海平面至海拔5000米之间的热带森林、丛林和草原地带，群居，由一只老雌象率领，无固定栖息地。它们以野草、树叶、树皮、嫩枝等为食。

大象小档案

家庭出身： 脊椎动物亚门，哺乳纲，长鼻目，象科
聚 居 地： 亚洲和非洲
体　　重： 亚洲象约6吨，非洲象约8吨
主要食物： 草、树叶、竹叶、野果等

亚洲象鼻

非洲象鼻

非洲象的耳朵特别大

背部较为平直

非洲象无论雄雌都有象牙

非洲象

非洲象鼻管前端有两个指状凸起

用泥巴来洗澡

　　"泥巴澡"对于大象来说是有百利而无一害的！因为大象没有汗腺和皮脂腺，洗过"泥巴澡"后，泥巴中的水分蒸发会吸收热量，可以给大象充分地降温。另外，大象身体上厚厚的泥巴层还可以防止蚊虫的叮咬。

非洲雄象象牙
非洲雌象象牙
亚洲雄象象牙

举起鼻子传递危险信号

　　当领头象意识到了危险的情况时，它就会将自己的长鼻子高高地举向天空，张开大大的耳朵，同时睁大眼睛并发出叫声，通知象群迅速逃离。

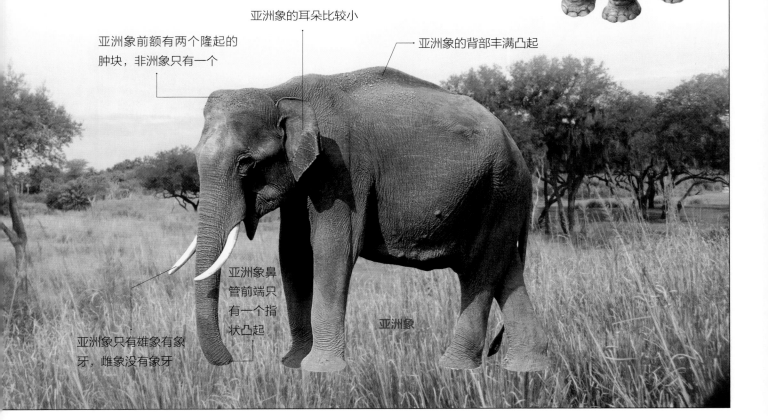

亚洲象前额有两个隆起的肿块，非洲象只有一个

亚洲象的耳朵比较小

亚洲象的背部丰满凸起

亚洲象鼻管前端只有一个指状凸起

亚洲象只有雄象有象牙，雌象没有象牙

亚洲象

胆小的大高个**长颈鹿**

　　长颈鹿是非洲特有的一种动物，长长的脖子，抬起头来，最高的雄长颈鹿身高可达6米，它是陆地上最高的动物。长颈鹿喜欢群居，一般十多头生活在一起，有时多达几十头。长颈鹿通常生有一对角，终生不会脱落，皮肤上的网状斑纹则是一种天然的保护色。长颈鹿是胆小善良的动物，每当遇到天敌时，便会立即逃跑。它能以每小时50千米的速度奔跑。当跑不掉时，那铁锤似的巨蹄就是它强有力的武器。

一对可爱的鹿角终生包在皮肤中

光滑而漂亮的鬃毛

长脖子虽然可以使它轻易吃到树顶的树叶，但却使它很难喝到地上的水

遍体具有棕黄色网状斑纹

 长颈鹿小档案

家庭出身： 脊索动物门，哺乳纲，偶蹄目，长颈鹿科
聚居地： 非洲
体　　重： 1100～1900千克
主要食物： 植物叶子

快乐地玩耍

长颈鹿喜欢用长长的脖子互相来回摩擦和拍打，这是它们在相互交流感情，也是一种很好的健身游戏。

只有七块颈椎骨

别看长颈鹿的脖子那么长，其实长颈鹿和人类一样，只有七块颈椎骨，不过每块都特别长。

超大的婴儿

长颈鹿宝宝生下来就有两米多高，二十几分钟后就能站起来，一小时左右就会走路了。不过生下来的4～5个月它还是要靠吃母鹿的奶才能成活，一直到一岁左右才能离开母鹿独自生活。

袋鼠妈妈有袋袋

袋鼠以跳代跑，最高可跳至4米，最远可跳至13米，可以说是跳得最高、最远的哺乳动物。大多数袋鼠在地面生活，从它们强健的后腿跳跃的方式，很容易便能将它们与其他动物区分开来。袋鼠在跳跃的过程中用尾巴保持平衡；而当它们缓慢走动时，尾巴也可以作为第五条腿。

反击有绝招

在野外，大袋鼠被敌人追赶的时候，它们有独特的反击办法。它们背靠大树，尾巴着地，用有力的后腿狠狠地蹬踢敌人的腹部。

袋鼠小档案

家庭出身： 脊索动物门，哺乳纲，有袋目，袋鼠科
聚 居 地： 主要在澳大利亚
体　　重： 约60千克
主要食物： 植物

长尾巴有妙用

袋鼠有一条神奇的尾巴。跳跃时，大尾巴可以帮助它们保持身体平衡；休息时，大尾巴稳稳地落在地面上，可以构成一种稳固的三角结构，保持身体平衡。

自诊自疗的本领

自然界中的很多动物都具有自诊自疗的本领，袋鼠也具有这样的本领。当袋鼠感觉到自己生病时，它就会去寻找一些有医疗作用的野草来食用。袋鼠的这种本领是它们在几百万年的进化过程中逐渐积累的一种求生本能。

育儿袋里的小袋鼠

小袋鼠在受精 30～40 天左右就会出生，非常小，无视力，少毛，生下后就会爬到袋鼠妈妈的育儿袋内。育儿袋里有四个乳头，但只有两个是有奶的。小袋鼠一年后才能离开育儿袋，开始独立的生活。

竖起的耳朵能听到很远的声音，随时保持高度的警惕

又细又短的前肢就像人类的手，只有在吃东西时才会落地

后肢具有非常发达的韧带和弹力，所以袋鼠的跳跃能力非凡，最远能达十多米。同时，强有力的后肢也是防御敌人的有力武器

所有雌性袋鼠都长有前开的育儿袋，里面藏着小袋鼠

"沙漠之舟"骆驼

骆驼有两种，有一个驼峰的单峰骆驼和两个驼峰的双峰骆驼。骆驼和其他动物不一样，特别耐饥耐渴，人们能骑着骆驼横穿沙漠。骆驼虽然走得很慢，但可以驮很多东西。骆驼是沙漠里重要的交通工具，人们把它看作是渡过沙漠之海的航船，所以骆驼有"沙漠之舟"的美誉。

沙漠生存的必备"武装"

骆驼的驼峰里贮存着脂肪，这些脂肪在骆驼得不到食物的时候，能够分解成骆驼身体所需要的养分。另外，骆驼的胃里有许多瓶子形状的小泡泡，那是骆驼贮存水的地方，这些"瓶子"里的水能够使骆驼即使十天半个月不喝水也不会有生命危险。

单峰骆驼和双峰骆驼的区别

骆驼有两种，单峰骆驼和双峰骆驼。单峰骆驼只有一个驼峰，毛色为深棕色或暗灰色，毛短而柔软，腿比较长，尾巴短，眼睫毛浓密，耳朵小，上唇深裂，鼻孔扁平呈细缝状。双峰骆驼有一身浓密的毛皮。春天来临时，它们浓密的冬毛会脱落。骆驼体长300～330厘米，身高195～200厘米。

驼峰里面藏的是
丰富的脂肪

鼻孔里面长有瓣膜，
不怕沙尘

双重睫毛，可以阻挡
风沙侵袭眼睛

骆驼小档案

家庭出身：	脊索动物门，哺乳纲，偶蹄目，骆驼科
聚居地：	亚洲、北非、中东
体长：	300～330厘米
主要食物：	灌木、粗草

后腿明显长
于前腿

腿关节处长有胼胝，趴下
休息时，可以靠在上面

脚下有又厚又软的肉垫，这样的脚掌使
骆驼在沙地上行走自如，不会陷入沙中

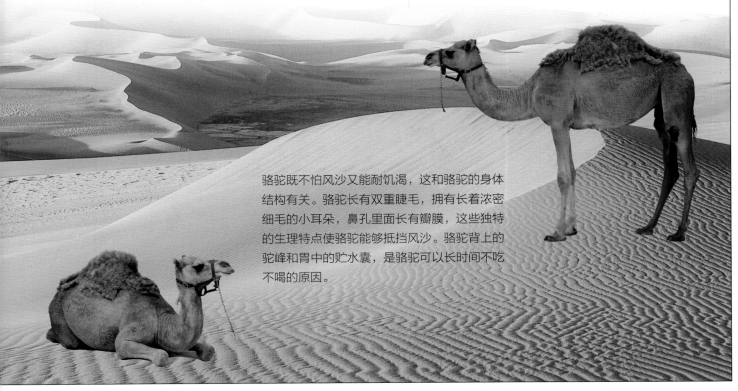

骆驼既不怕风沙又能耐饥渴，这和骆驼的身体
结构有关。骆驼长有双重睫毛，拥有长着浓密
细毛的小耳朵，鼻孔里面长有瓣膜，这些独特
的生理特点使骆驼能够抵挡风沙。骆驼背上的
驼峰和胃中的贮水囊，是骆驼可以长时间不吃
不喝的原因。

聪明狡猾的狼

　　狼是一种群居动物，一个狼群中狼的数量大约在五到十二只之间。每个狼群都有一位首领，就是"狼王"。狼群有领域性，也就是它们的活动范围，群内个体数量若增加，领域范围会缩小。狼群之间的领域范围不重叠，它们会以嗥叫声向其他狼群宣告范围。

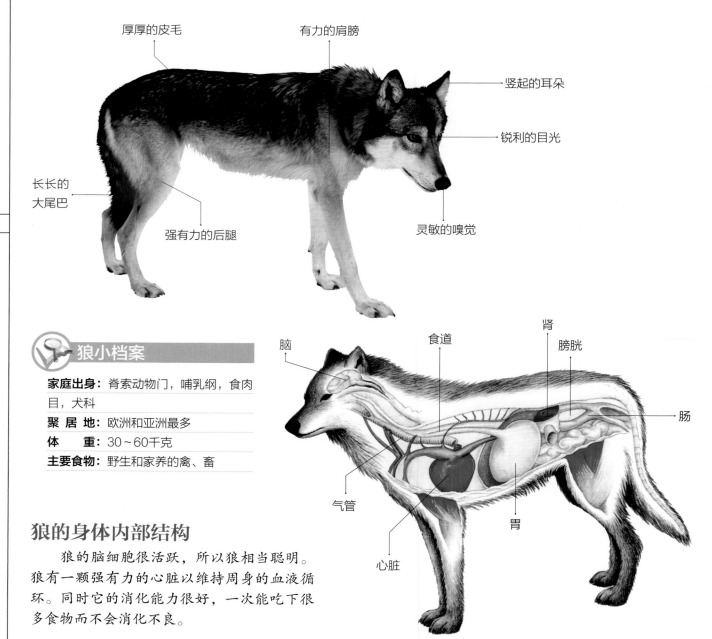

厚厚的皮毛

有力的肩膀

竖起的耳朵

锐利的目光

灵敏的嗅觉

长长的大尾巴

强有力的后腿

狼小档案

家庭出身： 脊索动物门，哺乳纲，食肉目，犬科

聚 居 地： 欧洲和亚洲最多

体　　重： 30～60千克

主要食物： 野生和家养的禽、畜

脑

食道

肾

膀胱

肠

气管

胃

心脏

狼的身体内部结构

　　狼的脑细胞很活跃，所以狼相当聪明。狼有一颗强有力的心脏以维持周身的血液循环。同时它的消化能力很好，一次能吃下很多食物而不会消化不良。

人眼和狼眼的视觉范围比较 ⟫⟫⟫

狼的眼睛不仅能在伸手不见五指的黑夜里看清一切，而且它的视力范围还大得惊人，几乎是人类的三倍。

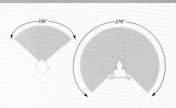

会发光的狼眼

狼的眼睛能在黑暗中发出幽森的绿光，这是因为在狼的眼球中有一层薄薄的反射膜，可以反射光线。所以，狼才能在黑暗的夜里看清东西。

狼的语言

每种动物都有它们不同的交流方式，狼也不例外。狼与狼交流主要是通过那听起来令人毛骨悚然的叫声。根据叫声长短和音量的高低，可以表达出不同的意思。也许是公狼在吸引母狼，也许是母狼在呼唤小狼，也许是对死去的同伴的哀悼。

哺育后代

狼妈妈生下小狼后，要在洞穴里生活一段日子。这段时间狼爸爸要负责猎取食物。小狼吃奶的时间大约有五六个月之久。在群体中成长的小狼，不但父母呵护备至，而且族群中的其他成员也会对它们爱护有加。狼会将杀死的猎物撕咬成碎片，吃到腹内，待回到小狼身边时，再吐出食物反哺给小狼。

蜘蛛猴

"丢三落四"的猕猴

学过《猴子掰玉米》这篇课文的人都知道，猴子是个丢三落四的家伙。猕猴就是这样，它采食野果时十分贪婪，边采边丢，只食甜熟的果子，未熟的果子就丢弃，故猴群经过处往往遍地断枝弃果。大家可千万别学猕猴哦！

漂亮的松鼠猴

松鼠猴形体纤细，尾巴短，毛厚且柔软，体色鲜艳多彩，口缘和鼻吻部为黑色，眼圈、耳缘、鼻梁、脸颊、喉部和脖子两侧均为白色，头顶是灰色或黑色，背部、前肢、手和脚为红色或黄色，腹部呈浅灰色。松鼠猴极具观赏价值。

狒狒一家的快乐生活

你们看，这一家三口的快乐生活多么令人羡慕啊！狒狒爸爸和狒狒妈妈正在说着悄悄话，而小狒狒正在它们的怀里欢快地玩耍撒娇呢！

机智的小猴子

　　猴子机智灵敏，顽皮滑稽，模仿能力极强，有着与人类极为相近的习性。它们是马戏团和耍猴人最得意的"明星"，还会向行人讨要食物，与人戏耍，惹人喜爱。猴子可以说是动物园里最受欢迎的动物之一。猴子若经过训练，可帮人类从事许多简单的工作，有的甚至能学会使用汤匙给卧床的病人喂食、开冰箱取饮料、开关电灯等。因此，猴子得到了人类的关注、宠爱和保护。

猴子的身体内部结构

　　猴子的骨骼和结实的肌肉能很好地保护它身体内部的重要器官。猴子的面部肌肉很发达，这样它就可以做出各种丰富的表情。猴子的身体灵活，而且前肢比后肢长，可以很迅速地爬上树梢。

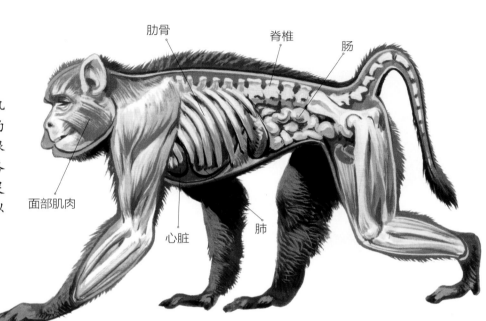

肋骨　脊椎　肠　面部肌肉　心脏　肺

好斗的山魈

　　山魈有浓密的橄榄色长毛，马脸凸鼻，血盆大口，獠牙越大表明地位越高。雄性山魈脾气暴烈，性情多变，气力极大，有极大的攻击性和危险性。

大鼻子先生——鼻猴 >>>>

　　鼻猴最显著的特征就是它脸上的大鼻子。当它发怒时，大鼻子就会突然鼓起来，一边拼命地晃动，一边发出响亮的鼻音。这种鼻音是鼻猴吓唬敌人的有力武器。

人类的"亲戚"猩猩

　　猩猩是亚洲唯一的大猿，现在仅存于加里曼丹和苏门答腊岛雾气缭绕的丛林里。在灵长类当中，猩猩在许多方面是很突出的，它们是世界上最大的树栖动物，也是繁殖最慢的哺乳动物。

大猩猩

　　大猩猩有三个种类：东部低地种、西部低地种和高山种。大猩猩由于野蛮的面孔和巨大的身材，看起来十分可怕，但实际上，它们是非常平和的素食者。大猩猩大部分时间都在非洲森林的家园里闲逛、嚼枝叶或睡觉。大猩猩过着群居的生活，每群由一个被称为"银背"的成年雄性大猩猩领导。

惊人的相似

　　红猩猩、大猩猩、侏儒黑猩猩、黑猩猩和人类这五种生物在体型方面是极为相似的，其最重要的区别是四肢的长度。大猩猩和黑猩猩的前肢和后肢的长短没有多大区别。红猩猩虽然有很长的前肢，但也只能用它去攀爬树枝。只有人类的后肢明显长于前肢，并且后肢非常有力，可以做到直立行走，进而解放前肢，使前肢变成了灵活的双手。

红猩猩　　　　大猩猩　　　　侏儒黑猩猩　　　黑猩猩　　　　人类

黑猩猩学画画

你看黑猩猩画得多认真啊！它画画的架势有模有样的，一点也不比人差。

黑猩猩使用工具

黑猩猩不但会使用工具，还会制造工具。它会把小树枝插进白蚁的洞里钓白蚁，也会用石头把树枝削尖做成工具使用。

031

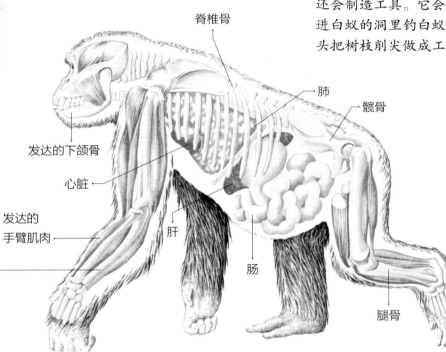

脊椎骨

肺

髋骨

发达的下颌骨

心脏

发达的手臂肌肉

肝

肠

臂骨

腿骨

大猩猩的身体构造

大猩猩的身体结构与人的身体结构十分相似。它们有发达的下巴、灵活的手臂，身体内部的消化和循环系统都相当完善。

黑猩猩

黑猩猩是与人类最相似的高等动物。研究表明，一些黑猩猩经过训练不但可以掌握某些技术、手语，而且还能运用电脑键盘学习词汇，其能力甚至超过两岁的儿童。

国宝**大熊猫**

　　大熊猫是我国的国家一级保护动物，也是我国最珍贵的动物。主要分布在我国的四川省、甘肃省和陕西省，数量十分稀少，被人们称为"国宝"。它们以竹笋、竹叶及嫩竹尖为食，也喜爱吃小动物。大熊猫性情温顺，一般不主动攻击人或其他动物。它被世界自然基金会选为会标，而且还常常担负"和平大使"的任务，带着中国人民的友谊远渡重洋，到国外结交朋友，深受各国人民的欢迎。

圆圆的小耳朵

眼睛周围有
一圈黑毛

鼻子很大，
嗅觉灵敏

毛皮很厚，
不易吸水

大熊猫小档案

家庭出身：	脊索动物门，哺乳纲，食肉目，熊科
聚 居 地：	中国的四川省、甘肃省和陕西省
体　　重：	60～110千克
主要食物：	竹类植物、小动物

　　大熊猫体型肥硕，憨态可掬，尾短头圆，头部和身体毛色黑白相间。其体长120～180厘米，尾长10～20厘米，体重60～110千克。前掌除了五个带爪的趾外，还有一个第六趾。毛密而有光泽，两耳、眼周、四肢和肩胛部全是黑色，腹部呈淡棕色或灰黑色，其余均为白色。

熊猫宝宝

刚出生的大熊猫幼崽只有25克，一个月左右的熊猫幼崽长出黑白相间的毛，但仍不能行走，眼不能感光。三个月的幼崽开始学走步，视力达到正常。半岁后的幼崽体重已达13千克左右，可以跟着母亲学吃竹子，还要吃些奶补充营养，同时开始学习野外生存的本领。满一岁时的幼崽已长到40千克左右，这时它们开始独立生活。

生活习性

除发情期外，大熊猫常过着独栖生活，昼夜兼行。巢域面积为3.9~6.4平方千米不定，个体之间巢域有重叠现象，雄体的巢域略大于雌体。雌体大多数时间仅活动于3~4平方千米的巢域内，雌体间的巢域不重叠。食物主要是高山、亚高山上的50种竹类，偶食其他植物，甚至是动物尸体。日食量很大，每天还要到泉水或溪流处饮水。

小熊猫

千万别把大熊猫的孩子称为小熊猫哦！因为小熊猫是另外一种珍贵野生动物的名字！

大熊猫的前掌化石

据考证，大熊猫的古代名称有貘、白豹、虞等。大约在一百万年前，大熊猫遍布我国的陕西、山西和北京等地区，同时在云南、四川、浙江、福建、台湾等省也有它们的踪迹，但是现在存活下来的数量很少，成为科学家研究生物进化的珍贵"活化石"。

034

蝙蝠小档案

家庭出身： 脊索动物门，哺乳纲，翼手目
聚 居 地： 除去极地地区，各个地区都有
主要食物： 动物的血、果实、昆虫和花粉

自带GPS的**蝙蝠**

　　蝙蝠是唯一一类演化成真正有飞翔能力的哺乳动物，共有900多种。它们中的多数具有敏锐的听觉定向（或回声定位）系统。大多数蝙蝠以昆虫为食。因为蝙蝠捕食大量昆虫，故在昆虫繁殖的平衡中起重要作用，甚至有助于消灭害虫。某些蝙蝠也食果实、花粉、花蜜；美洲热带的吸血蝙蝠以哺乳动物及大型鸟类的血液为食，这些蝙蝠有时会传播狂犬病。在热带地区，蝙蝠的数量众多，它们会在人们的房屋和建筑物内集结成群。

吸血蝙蝠

　　吸血蝙蝠在天黑之后才开始活动，每晚定时觅食。它们降落于牛、马、鹿等寄主附近的地面，然后爬上其前肢到肩部或颈部，利用自己的上门齿和犬齿，切开几毫米厚的皮肤，用舌舐食流出的血液。由于吸血蝙蝠唾液中的抗凝血剂能使血液减慢凝固的速度，而使其吸血相当顺利。每只蝙蝠每晚的吸血量超过其体重的50%。吸血蝙蝠如此大量吸血，在一些地区妨碍了家畜的生长。

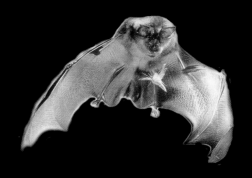

马铁菊头蝙蝠

　　马铁菊头蝙蝠的前吻部有复杂的叶状凸起，即鼻叶。鼻叶两侧及下方有一较宽的马蹄形肉叶；其中央有一向前凸起的鞍状叶，正面呈提琴状；其侧面中央略凹，后面有一连接叶衬插着，呈宽圆形，与一顶叶相连。耳大略宽，耳尖部稍尖，不具耳屏。

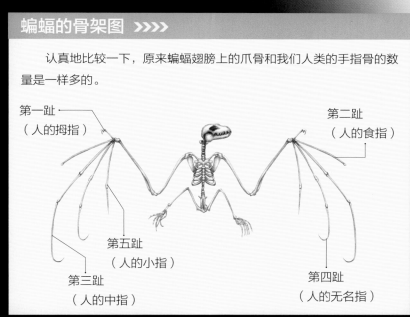

蝙蝠的骨架图 ▶▶▶▶

　　认真地比较一下，原来蝙蝠翅膀上的爪骨和我们人类的手指骨的数量是一样多的。

第一趾（人的拇指）　　　第二趾（人的食指）

第五趾（人的小指）

第三趾（人的中指）　　　第四趾（人的无名指）

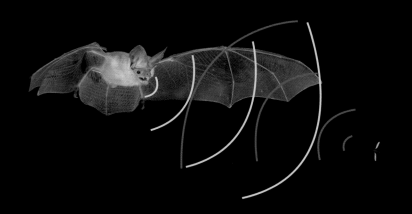

回声定位功能

　　擅长夜晚飞行的蝙蝠拥有独特的回声定位系统，它能发出高音频声音并根据回声判断物体的方位及距离，这种能力可帮助蝙蝠准确判断猎物的所在位置，并有效地绕开树、建筑物等。依据这一理论，蝙蝠的回声定位系统使其在近距离飞行中可以游刃有余，但对于远距离飞行而言，视力非常差的蝙蝠似乎就无计可施了。

全身兵器的**刺猬**

　　刺猬的体背和体侧满布棘刺，头、尾和腹面披毛；吻尖而长，尾短；前后足均具五趾，跖行，少数种类前足四趾；齿36~44枚，均具尖锐齿尖，适于食虫；受惊时，全身棘刺竖立，卷成如刺球状，头和四足均不可见。刺猬分布于亚洲、欧洲的森林，草原和荒漠地带。

刺猬小档案

家庭出身：	脊索动物门，哺乳纲，食虫目，猬科
聚居地：	欧洲和亚洲
体　重：	8~15千克
主要食物：	昆虫

豪猪

豪猪不是刺猬，豪猪属于啮齿目豪猪科。从它的背部到尾部，均披着像簇箭一样的棘刺，特别是臀部上的棘刺长得更粗、更长、更多，其中最长的约达半米。每根棘刺的颜色都是黑白相间的，非常鲜明。

耳朵很小，但是
听觉能力不错

背部的硬刺
有上千根

头部的毛很柔软，
没有硬刺

眼睛很小，视觉
能力很差

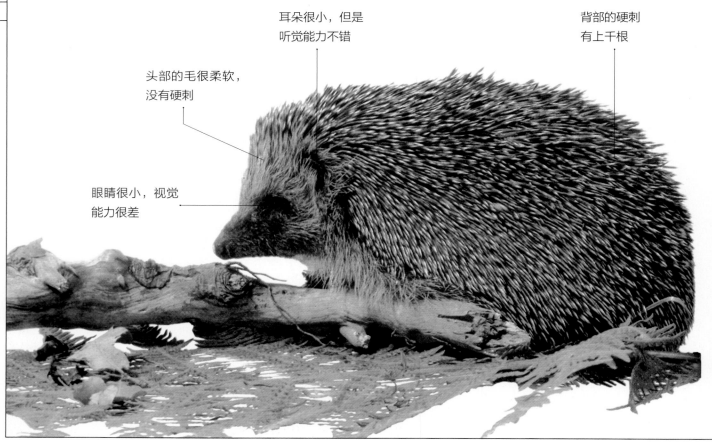

刺猬防身术 >>>>

当刺猬受到威胁时，它会立刻把自己的脑袋和爪子缩进体内，蜷缩成一团，将全身的刺一根一根地竖起来，好像在示威："看你能把我怎么样？咬我啊！"这时，如果敌人是个贪吃鬼，那它肯定上当，准保被刺得满口流血。

刺猬

冬眠的刺猬

刺猬不能稳定地调节自己的体温，使其保持在同一水平，所以，刺猬在冬天时有冬眠现象。枯枝和落叶堆是刺猬最喜欢的冬眠场所。它们用小树枝和杂草来营造冬眠的巢穴。刺猬在巢穴中冬眠时，体温下降到9℃，呼吸每分钟1～10次。冬眠中的刺猬会偶尔醒来，但不吃东西，很快又入睡了，因为冬眠的刺猬如果过早地醒来会被饿死的。

第二章
海洋中的
精灵

大部分海洋动物都生长在温带水域，温带水域的海水平均温度约为10℃，这非常有利于海洋动物的生长。温暖的热带海域被称为"海洋中的热带雨林"，里面生活着各种各样的鱼类和千姿百态的珊瑚。极地海洋动物生存必须具备厚厚的皮毛或大量的脂肪，这是它们生存的必备条件。我们所知道的极地动物只有很少的几种，如北极熊、海象、企鹅、鲸鱼等。

凶猛的<u>鲨鱼</u>家族

鲨鱼是海洋中最恐怖的鱼类，人称"海中之狼"。<u>鲨鱼</u>长着一层坚固的皮，上面覆盖着牙齿状的鳞片，尾部不对称，通常向上翘起，肌肉强壮有力。鲨鱼以受伤的海洋哺乳动物、鱼类和腐肉为生。根据化石考察和科学家推算得知，鲨鱼在地球上生活了约1.8亿年，早在3亿多年前它就已经存在，至今外形都没有太大改变，具有极强的生存能力。

 鲨鱼小档案

家庭出身： 脊索动物门，软骨鱼纲，板鳃类
聚 居 地： 深海地区
体　　长： 130~1400厘米
主要食物： 鱼类、乌贼、海洋哺乳动物

不停地运动

鲨鱼游泳时主要是靠身体像蛇一样地运动并配合尾鳍像橹一样地摆动向前推进。鲨鱼没有鳔，所以它们的比重主要由肝脏储藏的油脂量来确定。<u>鲨鱼</u>密度比水稍大，也就是说，如果它们不积极游动，就会沉到海底。

锋利的牙齿

鲨鱼的牙齿呈锯齿状，如此一来，它不但能紧紧咬住猎物，也能有效地将它们锯碎。如果前排的牙齿因进食脱落，后方的牙齿便会补上。新的牙齿比旧的牙齿更大、更耐用。有些鲨鱼在一生中要更换三万多颗牙齿。

锋利的牙齿像小刀。

较差的视力

鲨鱼习惯在黑暗的海底和浑浊的水中生活，它们的视力很差，一般依靠超强的感官来探测猎物。如果遇到明亮的光线，它们就会闭上眼睛，防止光线刺激眼睛。

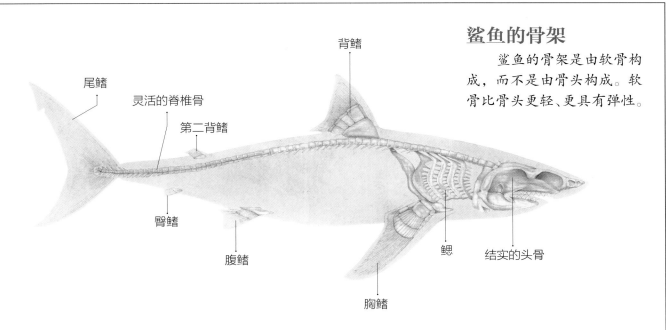

尾鳍

灵活的脊椎骨

第二背鳍

臀鳍

腹鳍

胸鳍

背鳍

鳃

结实的头骨

鲨鱼的骨架

鲨鱼的骨架是由软骨构成，而不是由骨头构成。软骨比骨头更轻、更具有弹性。

极好的"猎人"——大白鲨

大白鲨由于身体庞大，所以并不像其他鲨鱼那么灵活，但大白鲨却是极好的猎人。它的上半身颜色很暗，下半身颜色很明亮。当它从下方来袭时，由于它的上半身颜色和深海接近，要等到它发动攻击时才会被发现；当它从上方来袭时，白色的下半身和海水反射出的明亮天色融为一体，也很难被猎物发现。

"水中的音乐家"鲸

　　鲸是一种哺乳动物，是世界上现存的动物中体型最大的。鲸的祖先和牛羊一样生活在陆地上，因为对海里的食物产生了偏爱，就迁徙到了浅海湾，身体结构逐渐发生变化，适应了海洋生活。鲸的体表几乎没有毛，但有厚厚的脂肪层，能够保持体温。

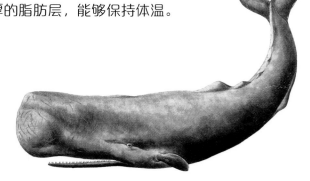

用牙齿来判定距离

　　抹香鲸在水中能判定1.6千米距离内的猎物。猎物身体发出的回声信息能被抹香鲸下巴上的牙齿接收到，然后这种回声信息又传递到眼睛，这样抹香鲸就可以判定猎物的距离了。

鲸小档案

家庭出身：	脊索动物门，哺乳纲，鲸目
聚居地：	海洋
体　重：	7~50吨
主要食物：	浮游动物、软体动物和鱼类

虎鲸头骨

　　从虎鲸头骨可以看出，虎鲸的嘴巴细长，牙齿锋利无比，它是一种具有很强攻击性的鲸。

海上霸王——虎鲸

虎鲸是一种大型齿鲸，身长6.5～10米，体重9吨左右，背呈黑色，腹为灰白色，背鳍弯曲长达一米，嘴巴细长，牙齿锋利，性情凶猛，擅于进攻猎物。虎鲸能发出62种不同的声音。

海洋歌唱家——座头鲸

座头鲸的背部为黑色，腹部为灰白色，腹部具有许多显眼的纵形肉指。座头鲸在海洋中能发出微妙的声音，好像在唱歌。它们的声音节奏分明、抑扬顿挫，而且有一定的规律，人们称它们为"海洋歌唱家"。

口技专家——白鲸

白鲸的体色是独特的白色，在海浪和浮冰中很难认出它们。如果你在海洋中看见浮现、变大、缩小而后消失的白色物体，那基本上就是它了。白鲸是鲸类中最优秀的"口技专家"，它们不仅能发出几百种声音，而且发出的声音变化多端，叫人惊叹不已。

最大的哺乳动物——蓝鲸

蓝鲸的头非常大，舌头上能站50个人，它的心脏和小汽车一样大。刚生下的蓝鲸幼崽比一头成年大象还要重。在20世纪初，全世界大约有20万头蓝鲸，但经过人类100多年的捕杀，现在只剩下1.2万头左右。

高智商的**海豚**

　　海豚是海洋哺乳动物，是体型较小的鲸类，分布在世界各大洋。海豚以形态优美、聪明、好嬉戏、对人类友好而著名。海豚主要以小鱼、乌贼、虾、蟹为食，喜欢过"集体生活"，一个群体少则几头，多则几百头。

这么可爱的海豚表演，我们快到动物园去观看吧！

海豚小档案

家庭出身： 脊索动物门，哺乳纲，鲸目，海豚科

聚 居 地： 热带海域

身　　长： 200~260厘米

主要食物： 鱼、乌贼、虾和蟹

滑溜、紧绷且富有弹性的皮肤，使它在游动时在皮肤上形成许多小坑，无形中身体周围就形成了一层"水罩"，所以海豚游动时几乎没有摩擦力。

海中智者

海豚是一种智力发达的动物。经过训练的海豚，甚至能模仿某些人的语音。科学家曾经花了三年时间对两头海豚进行训练，教会它们700个英文词汇。海豚的大脑体积、质量也是动物界中数一数二的。

海豚的年龄

海豚的年龄可以通过牙齿来判断。海豚的牙齿从里往外一层一层生长，形成了跟树木一样的年轮，刚出生的小海豚的牙齿中间是空的，成年后会变成实心的。根据牙齿的年轮显示，海豚的平均寿命是20多岁，最长可以活到40岁。

边游泳边睡觉

海豚有一项特异而卓越的能力，当它们处于睡眠时，两个脑半球可以轮流休息，并且每隔10分钟左右交替一次。这样海豚就可以一边游泳一边睡觉了，所以，它们可以终日与风浪搏击而不会感到疲惫。

回声定位

海豚的眼睛特别小，视力很差。因此，在浑浊而黑暗的水下，海豚只能靠回声定位系统躲避障碍、与同伴沟通和寻找食物。

"北极霸主" 北极熊

北极熊生活在寒冷的北极地区，是名副其实的北极霸主，身长大约240~260厘米，体重一般为400~800千克。北极熊周身覆盖着厚厚的白毛，但皮肤却是黑色的，黑色的皮肤有助于吸收热量。我们从它们的鼻头、爪垫、嘴唇以及眼睛四周的黑皮肤上就能窥见其皮肤的原貌。北极熊生活在冰冻的北极地区，虽然它的体型很大，但是行动却很迅速，活动范围也很大，常见于离陆地和浮冰几十千米以外的水中。

超级保温的"外套"

北极熊全身覆盖的白毛和黑色的皮肤有助于吸收热量。北极熊的毛也非常特别，它们的毛中间是空的，这样的构造可以把阳光反射到毛发下面的黑色皮肤上，有助于吸收更多的热量。另外，皮肤下面厚厚的脂肪层进一步把严寒隔绝在身体外面。北极熊这种多层保暖措施是如此有效，以至于它们有时不得不四仰八叉地躺在冰面上以便好好凉快凉快……

 北极熊小档案

家庭出身：脊索动物门，哺乳纲，食肉目，熊科
聚居地：北极地区
体　重：400~800千克
主要食物：海豹和海藻

双层皮毛，外层吸热，内层保温，可以有效地抵御严寒

耳朵上的绒毛有保温的作用

四只爪垫上都长有粗硬的毛发，不仅有助于保暖，还可以方便它们在冰面上行走

眼睛虽然很小，但是视力很好，判断地形和地势都很准确

教育下一代

小北极熊通常会在冬季出生，一般一胎有2~4只。小家伙们刚降生的时候体重只有600~700克，眼睛也没有睁开，不过全身已经覆盖着柔软的毛发。由于有营养丰富的母乳滋补，这些小家伙成长迅速。很快熊妈妈就会带着孩子们去大海里游泳，去冰面上滑冰，教它们学习一些捕猎的基本知识。等到2~3年之后，小北极熊就可以自己独立生活了。

捕获海豹

海豹是北极熊最爱的美味。北极熊有一套自己的捕猎海豹的方法。先是等，这是考验北极熊耐心的时候，为了等到来水面透气的海豹，北极熊一般一等就是好几个小时呢！然后是重击，一旦发现海豹浮到水面附近，北极熊会一掌将海豹打晕。三是拽，打晕海豹后要立即将其拽出水面，要不就前功尽弃了。最后，当然是享受美味啦！

不会飞的**企鹅**

　　企鹅是一种很可爱的动物，它是鸟，但不会飞。它们身穿"燕尾服"，挺着雪白的大肚皮，走起路来摇摇摆摆，憨态可掬。世界上现有18种企鹅，全部分布在南半球。企鹅是一种最不怕冷的鸟，在－60℃的冰天雪地中仍然能够自在地生活。这是因为企鹅羽毛的密度比同一体型的鸟类大3～4倍，能起到很好的保温效果。

企鹅的喙很尖，可以用来捕捉
猎物和保护自己

企鹅的双眼有平坦的眼角膜，
可在水底及水面看东西

企鹅的羽毛很密且富有油性，
能起到很好的保温作用

企鹅的脚上有蹼，
便于在水中游泳

企鹅小档案

家庭出身： 脊索动物门，鸟纲，企鹅科
聚居地： 南极地区
身　　长： 40～125厘米
主要食物： 鱼类

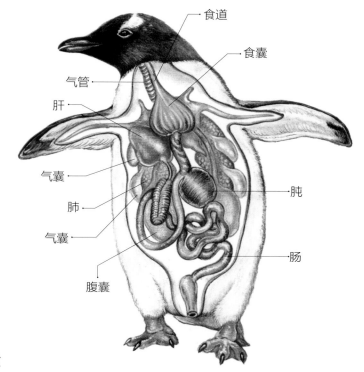

食道

食囊

气管

肝

气囊

肺

气囊

腹囊

肫

肠

企鹅的身体内部结构

企鹅具有完善和发达的呼吸和消化系统。

游泳时像鱼雷

企鹅的身体大多是扁平的。它们的腿短，脚趾间有蹼，游泳时能起到舵的作用，前肢退化成了鳍肢，游泳时能推动身体迅速前进，看起来就像鱼雷在海中"飞翔"。而且企鹅还会像海豚那样跃出水面，以保证它们在游泳不减速的情况下呼吸。

模范爸爸

企鹅妈妈产下蛋后，企鹅爸爸就将蛋放在脚上，然后将身子伏在蛋上，用腹部的皮肤来保持蛋的温度。企鹅爸爸连睡觉时都是站着的，这种状态一直要持续两个月，直到小企鹅出生为止。

帝企鹅

帝企鹅是现存企鹅家族中个体最大的，是企鹅世界中的巨人。帝企鹅成群地聚集在南极冰川，热闹而又井然有序。帝企鹅是很有绅士风度的，它们轮流做哨兵来防御敌人的入侵和偷袭。

美丽的**珊瑚**和会发光的**水母**

　　珊瑚虫是海洋中的一种低等动物，依靠自己的触手来捕食海洋里细小的浮游生物。珊瑚虫有八个或八个以上的触手，触手中央有口。水母是一种低等的腔肠动物，它们的身体不但透明，而且有漂浮能力。它们在运动时，利用体内喷水反射前进，就好像一顶圆伞在水中迅速漂游。

海洋动物的天堂

　　珊瑚不仅形状和颜色美丽，还是无数海洋生物的家园，其他海洋生物利用珊瑚细密枝状的骨骼保护自己，顺利地存活其间，并从流经的水中捕捉浮游生物。

珊瑚虫的"暗器"

　　珊瑚虫的触手中有微小的刺丝囊，内含毒液和微小的传感器。当传感器受到刺激的时候，刺丝囊就会用相当大的力量和相当快的速度放出触手，刺破攻击者或猎物，并注射毒液，以达到吓退或击倒对方的目的。

生死不离

　　新生的珊瑚虫在死去的珊瑚骨骼上生长，日积月累就形成了千姿百态的珊瑚礁，有的像树枝，枝条纤美柔韧；有的像一个个蘑菇。珊瑚的颜色五彩缤纷，把海底打扮得像一个美丽的花园。

水母的成长过程

成体

浮游幼虫

碟状幼体

早期螅状体

横裂体

螅状幼体

海月水母

海月水母的身体呈透明状，这是因为水母的身体95％以上都是水分。水母的触手上布满了刺细胞，像毒丝一样，能够射出毒液，使猎物迅速麻痹而死。水母就是靠触手来捕捉食物的。

呆萌的**海豹**和**海狮**

　　从南极到北极，从海水到淡水湖泊都有海豹的足迹。海豹的身体呈流线型，四肢为鳍状，非常适合游泳。海豹有一层厚厚的皮下脂肪，保暖的同时还可以为它提供食物储备。海狮是海洋中的食肉类猛兽，它们长着圆圆的脑袋，憨态可掬，它们的四个鳍肢如翅膀一样，后肢还可以转向前方。

冠海豹

　　雄性冠海豹长着膨胀的头骨冠和鼻球，只有被激怒时才会展示这种特征。雄性冠海豹可以使这种气囊膨胀达到30厘米那么高，鼻球则通过一个或两个鼻孔进行膨胀。这种夸张的表演，是为了吓退其他同类并赢得异性的青睐。

伟大的母爱

　　成群的海豹在岸上晒太阳时，几只雄海豹负责海豹群的安全，雌海豹则将小海豹搂在怀中。一旦发现危险来临，雌海豹会立刻抱着小海豹逃入水中。

可爱的小海豹

　　大多数初生的海豹幼崽的体毛是白色的。由于幼崽年幼体弱，没有足够的逃生本领，所以它们白色的体毛可以在冰雪环境中很好地隐藏自己。

身体呈流线型，很适合在海中游泳

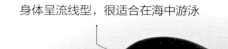

海狮的胡子比耳朵还灵，能辨别几十千米外的声音

海狮的前鳍非常有力，可以支撑沉重的身躯

海狮的后鳍可以向前翻

表演杂技

　　海狮非常聪明，经过训练之后，可以表演各种杂技，还可以替人潜到海底打捞沉入海中的东西。

以海为家

　　海狮虽然在陆地上生育和休息，但是它们一年中的大部分时间都待在海里，因为只有在海里它们才能捕到猎物、避开敌人。海狮尤其喜欢寒流带来的冰冷海水，因为这种海水带来了数量庞大的鱼群，可以满足它们摄食的需求。

生性好斗的**龙虾**

　　龙虾的躯体粗大而雄壮，呈圆筒状，是世界上最大的虾。它们身披坚硬的"盔甲"，那像大钳子似的第二对足格外引人注目。当它们迈着强有力的步伐张牙舞爪地在海底爬行时，真像是传说中的海底龙王呢！

054

龙虾的尾巴在游泳时推动身体前进；当它们遇到天敌或打架时，就会弯着尾巴向后游走；如果螯足被捉住，它们就会自断螯足逃命

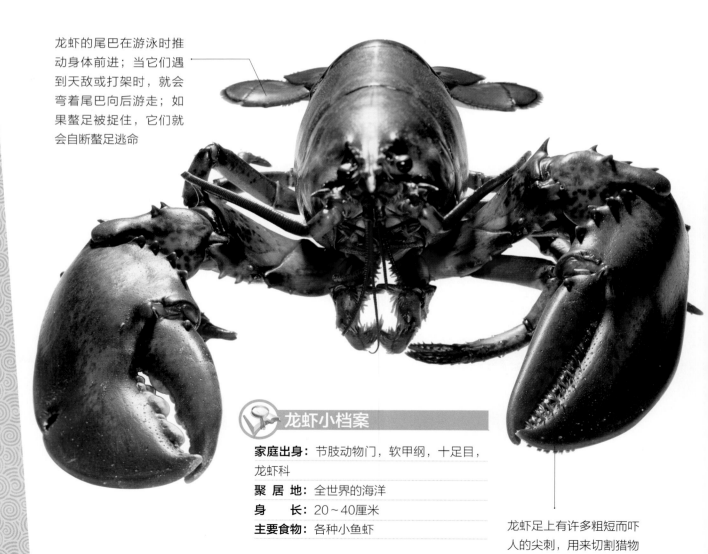

龙虾小档案

家庭出身： 节肢动物门，软甲纲，十足目，龙虾科

聚 居 地： 全世界的海洋

身　　长： 20～40厘米

主要食物： 各种小鱼虾

龙虾足上有许多粗短而吓人的尖刺，用来切割猎物和打开猎物的硬壳

大迁移

　　每年秋天，龙虾便开始它们大规模的迁移。它们用强有力的触角拉着前者的尾巴排成一列纵队前行。沿途遇到的龙虾也会加入进来，于是队伍越来越大，浩浩荡荡地在海底前进。它们列队前进可以减少海水的阻力，单个龙虾一昼夜可以前进100～300米，而列队龙虾每小时就能前进1000米！

蜕皮长大

　　龙虾需要蜕皮才能不断长大，它们蜕皮时首先是尾巴和躯干张开一条横向裂缝，身体侧卧弯曲，慢慢从裂缝中蜕出来。蜕皮后的龙虾在8小时内就能长大15%，体重增加50%，而它们蜕掉的旧壳可以完好无损。

有勇无谋

　　龙虾看起来很威武，而且生性好斗，常常攻击其他鱼类，但它们有勇无谋，在和乌贼的搏斗中，往往一味猛攻，横冲直撞，毫无战略战术，动作迟缓而笨拙。而乌贼则巧妙躲闪，待龙虾累得筋疲力尽时，就寻找机会将其擒获，美餐一顿。

"海底将军"螃蟹

螃蟹是我们所熟知的一种动物，身披坚硬的甲壳。绝大多数种类的螃蟹生活在海里或靠近海洋的地方，也有一些栖息于淡水中或住在陆地上，靠鳃呼吸。

吃螃蟹一定要做熟，否则会中毒哦！

螃蟹小档案

家庭出身： 节肢动物门，软甲纲，十足目，方蟹科

聚 居 地： 穴居江河湖海的泥岸

主要食物： 小鱼虾、海藻

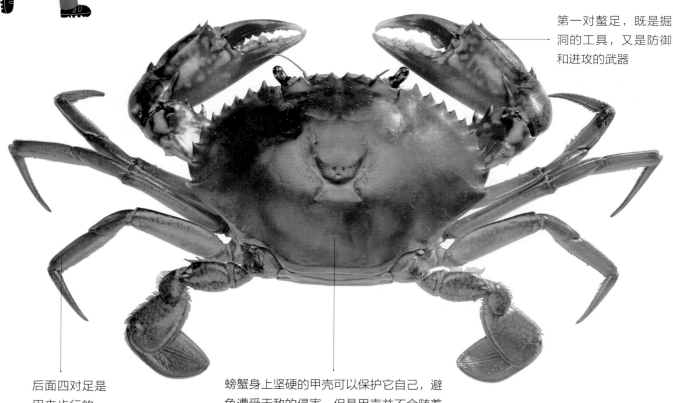

第一对螯足，既是掘洞的工具，又是防御和进攻的武器

后面四对足是用来步行的，叫作步足

螃蟹身上坚硬的甲壳可以保护它自己，避免遭受天敌的侵害，但是甲壳并不会随着身体成长而扩大，所以每隔一段时间，螃蟹就蜕一次皮，身体就长一次

吓唬敌人

螃蟹伸出两只强有力的螯肢来吓唬准备入侵的敌人。

可以转动的眼睛

螃蟹长着一对非常特殊的眼睛——柄眼。也就是说，它们的眼睛是长在柄上的，柄的基部是可以灵活转动的关节，使得这一长形的柄既可以竖起，又可以倒下。竖起时，可以眼观六路；倒下时，可以连眼柄一起藏在眼窝之中，一点儿也不碍事。有的螃蟹甚至会把整个身子埋在泥沙中，仅露出眼睛来观察周围的情况，这也是它们防身的一大法宝。

善于伪装自己

螃蟹为了生存，"发明"了不少伪装自己的方法，它们的体色会随着周围环境的变化而改变，使身体的颜色与周围背景的颜色巧妙地融合为一个整体。

第三章
两栖和爬行动物

两栖动物是脊椎动物的一种，它们可以爬上陆地，但是一生不能离开水。因为可以在水里和陆地两处生存，称为两栖。它们是脊椎动物从水栖到陆栖的过渡类型。

爬行动物也是脊椎动物的一种，但是和鱼类以及两栖类不同的是，它们不一定要生活在水里或到一定的时间就要返回水里。另外，爬行动物是冷血动物，它们的体温总是和外界温度相同。

"水中霸主"鳄鱼

鳄鱼强而有力，长有许多锥形齿，腿短，有爪，趾间有蹼，尾长且厚重，皮厚带有鳞甲。鳄鱼不是鱼，属脊椎动物爬行纲，是恐龙现存唯一的后代。它入水能游，登陆能爬，体胖力大，被称为"爬行类之王"。

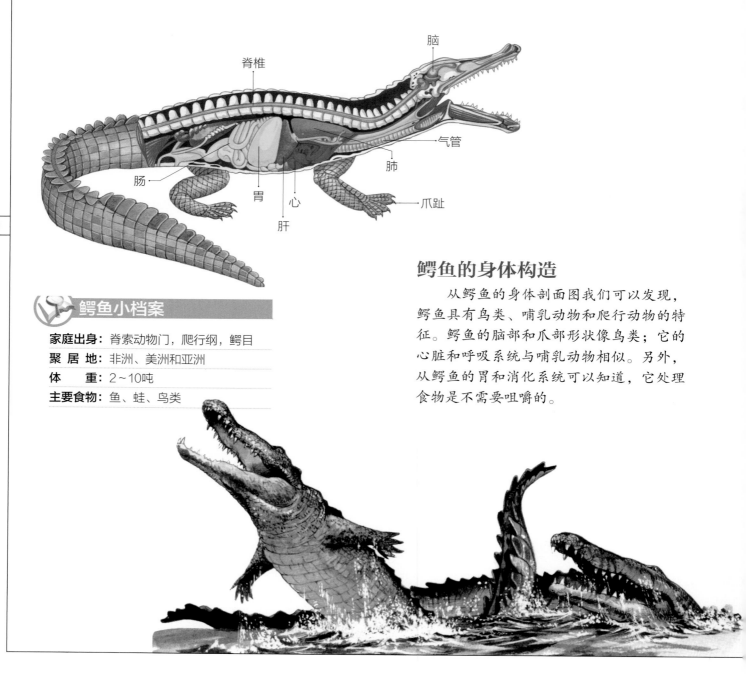

脑
脊椎
气管
肺
肠
胃
心
肝
爪趾

鳄鱼小档案

家庭出身：	脊索动物门，爬行纲，鳄目
聚 居 地：	非洲、美洲和亚洲
体　　重：	2~10吨
主要食物：	鱼、蛙、鸟类

鳄鱼的身体构造

从鳄鱼的身体剖面图我们可以发现，鳄鱼具有鸟类、哺乳动物和爬行动物的特征。鳄鱼的脑部和爪部形状像鸟类；它的心脏和呼吸系统与哺乳动物相似。另外，从鳄鱼的胃和消化系统可以知道，它处理食物是不需要咀嚼的。

鳄鱼的眼睛

鳄鱼有三层眼睑，除上下眼睑外，还有一层透明的瞬膜，可以起到在水下保护眼睛的作用。它们的两只眼睛靠得很近，可以看到三维的物体，并且能够准确判断出前方猎物离它们的距离。

识别鳄鱼

鳄鱼的种类有很多，我们如何来识别它们呢？最简单方便的方法就是看它们的头部。恒河鳄的嘴很长，牙齿小而锋利；短吻鳄的嘴宽而短；普通鳄鱼闭上嘴巴时可以看见它们下巴上的第四颗牙齿。

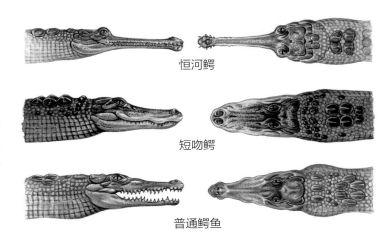

恒河鳄

短吻鳄

普通鳄鱼

孵化小鳄鱼

鳄鱼虽然个体庞大，却是卵生。鳄鱼每次产卵20～40枚，小的如鸭蛋，大的如鹅蛋。鳄鱼产下卵后，就伏在上面孵化60多天。幼鳄出壳以后，先是一起依附在母亲背上外出觅食，半年后方可独立生活。

鳄鱼的牙齿

鳄鱼的遗憾之处是，虽长有看似尖锐锋利的牙齿，却是槽生齿。这种牙齿脱落下来后能够很快重新长出，但是不能撕咬和咀嚼食物，只能像钳子一样把食物"夹住"，然后囫囵吞咽下去。

牙齿尖利但不
能用于咀嚼

目测猎物
距离准确

角质鳞片遍布全身

尾巴由肉冠组成

后爪趾有蹼

短吻鳄头骨

普通鳄头骨

鳄鱼的头骨几乎
都是硬骨，能起
到保护鳄鱼头部
的作用。短吻鳄
的头骨比普通鳄
的要宽和圆。

砸破蛋壳

当小鳄鱼快孵出的时候，鳄鱼妈妈会用它的下巴轻轻地砸开蛋壳，这样小鳄鱼就能顺利出壳了。

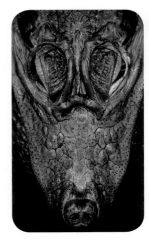

鳄鱼的眼泪

俗话说的"鳄鱼的眼泪"倒真是不假，鳄鱼真的会流眼泪，只不过那并不是因为它伤心，而是它在排泄体内多余的盐分。

善于伪装的鳄鱼

鳄鱼将身体藏在水中，只露出眼睛来观察周围的动静，等待猎物自投罗网。

绿色的水草底下原来藏着一只大鳄鱼啊！

给自己降温

鳄鱼张开血盆大口并不是表示它十分饥饿，而是在给自己降温呢！

不协调的同伴

大鳄鱼以吃涉禽为生。但是，有些鸟儿却可以和鳄鱼一起共生。例如，鸻鸟会在鳄鱼齿间啄食，帮助鳄鱼清洁牙齿。

"四只脚的蛇" 蜥蜴

蜥蜴俗称"四脚蛇"，是一种常见的爬行动物。多数蜥蜴以昆虫为食。蜥蜴与蛇有密切的亲缘关系，二者有许多相似的地方，如周身覆盖表皮衍生的角质鳞片、泄殖肛孔都是一横裂、雄性都有一对交接器、都是卵生等。

蜥蜴的骨骼

所有的蜥蜴都有四只脚，每只脚上有五个脚趾。它的颈椎、脊柱和尾骨是连在一起的。它的头骨很坚硬，能很好地保护脑。

尾骨

脊柱

趾骨

肋骨

颈骨

头骨

它的左右眼可以各自单独活动，这种现象在动物中是罕见的。双眼各自分工前后注视，既有利于捕食，又能及时发现敌害。

变色龙捕食的速度果真快得令人惊奇！

变色龙用长舌捕食是闪电式的，只需1/25秒便可以完成，而且它们舌头的长度是自己身体的两倍。

最大的壁虎——蛤蚧

蛤蚧是最大的一种壁虎，分布于我国广东、广西、云南等地。它的动作敏捷，主要吃昆虫，也捕食壁虎、小鸟、小兽及蛇等。它喜欢在夜间鸣叫，蛤蚧之名来自其鸣声。它有咬物至死不放的特性，所以被其咬住，不易挣脱。

蜥蜴小档案

家庭出身： 脊索动物门，爬行纲，蜥蜴目
聚 居 地： 世界各地
主要食物： 动物、昆虫、植物

会变色的蜥蜴——变色龙

变色龙主要在树上活动，它的体色能随着外部环境的变化而发生变化，眼睛十分奇特，眼睑很厚，呈环形，两只眼球凸出，舌细长可伸展。大部分分布在亚洲。

杰克逊避役

在非洲肯尼亚的雄性杰克逊避役头上长有三个大犄角，可以帮助它们互相辨认以区分不同性别。同时，这三个大犄角也是它们战斗的武器。

无足爬行的**蛇**

蛇是无足的爬行动物的总称，属于爬行纲蛇目。蛇全身布满鳞片。所有蛇类都是肉食性动物。目前全球共有3000多种蛇类。为了配合蛇类窄长的身体，成对的内脏（如肺、肾）会在蛇的身体前后排列，而非左右互对。部分蛇类具有毒性，能令被其咬过的生物受伤、疼痛以至死亡。

蛇小档案

家庭出身： 脊索动物门，爬行纲，蛇目
聚 居 地： 世界各地
主要食物： 两栖类动物、兔、鼠等

无脚走四方

蛇没有脚，却能爬行，这是由于它有特殊的运动方式：蜿蜒运动。所有的蛇都能以这种方式向前爬行。爬行时，蛇的身体在地面上作水平波状弯曲，使弯曲处的后边施力于粗糙的地面，由地面的反作用力推动身体就可以前进了。

蟒蛇捕食

　　蟒蛇捕到猎物后，会用自己的身体把猎物紧紧地缠住，直到猎物窒息而亡。然后，蟒蛇会将猎物整个吞下。

脱下旧装，换上新装

　　蛇的鳞片是由皮肤最外面一层角质层变成的，它不透水，也不能随着身体的长大而长大。蛇长大一些，就需要蜕一次皮，蜕皮后新长的鳞片比原来的要大些。蛇一般每隔两三个月就要蜕一次皮。

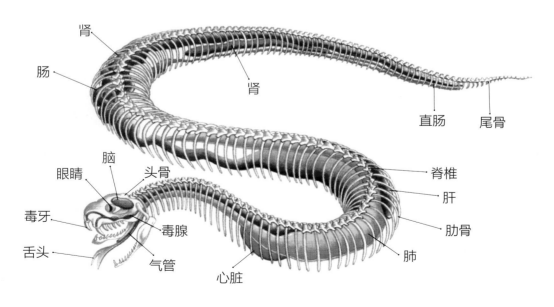

肾　肠　脑　眼睛　头骨　毒牙　舌头　毒腺　气管　心脏　肺　肋骨　肝　脊椎　肺　尾骨　直肠　肾

蛇的身体结构

　　蛇的身体窄而长，因此其胃、肝、肾也是细长的。它的肠子像一个细长的管子直通躯体末端。

庞大的蛇家族

睫毛蝰蛇

　　睫毛蝰蛇是中美洲和南美洲土生土长的品种，它们眼睛前方有一个大颊窝，对红外线非常敏感，能够有效帮助它们锁定猎物。

瓦氏蝮蛇

　　瓦氏蝮蛇最大的特点就是，它身体的颜色随着年龄的增长而发生变化。年幼时全身是绿色的，成年后腹部就会有很多白斑。

铜斑蛇

　　铜斑蛇属于响尾蛇的一种，一般体长约1.5～2米，体呈黄褐色，背部具有菱形褐斑。它一般不攻击人类。

蟒蛇

　　蟒蛇是世界上蛇类品种中最大的一种，长达5～7米，最大的体重约50～60千克。

沼泽食鼠蛇

　　沼泽食鼠蛇一般在水边活动，它们十分擅长游泳。当它们遇到敌害时就会迅速潜入水中逃跑。

竹叶青蛇

竹叶青蛇全身几乎都是绿色的，一般在竹子上活动，用竹子的颜色来掩护自己。

黄环林蛇

黄环林蛇体型细长，头部大且略成三角形，身体背部为黑色，体侧有许多条黄色细斑纹，腹部为黑蓝色。

青蛇

青蛇主要生活在南美洲，以昆虫为主要食物。

印度眼镜蛇

印度眼镜蛇在展开的领巾背面上有两颗眼睛模样的斑纹，卵生，毒性极强。

纳塔尔蛇

纳塔尔蛇生活在非洲，它总是在夜晚出来捕食青蛙之类的小动物。

墨西哥蝮蛇

墨西哥蝮蛇分布在墨西哥西部海岸，以啮齿类动物、蛙、蜥蜴为食，尾巴的浅色部分能作为诱饵，令蛙类和蜥蜴上钩。

缩手缩脚的**龟**

　　龟分布于世界大部分地区，至少在2亿年前即以同样的形式存在了。现存200～250种，多为水栖或半水栖，多数分布在热带或接近热带地区，也有许多见于温带地区。有些龟是陆栖，少数栖于海洋，大部分生活于淡水中。它们以鲜嫩植物或小动物为食物。

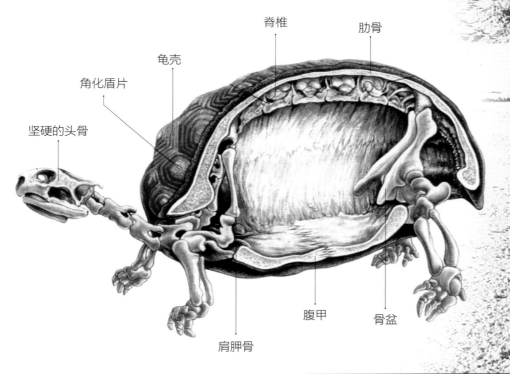

脊椎　肋骨
龟壳
角化盾片
坚硬的头骨
腹甲　骨盆
肩胛骨

融合在一起的脊椎和背甲

　　大部分龟的脊骨和肋骨都被龟壳包围着，不能随意地活动，这样可以支撑身体的重量，尾骨和颈骨是可以自由活动的。

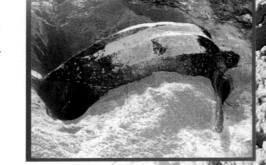

一只雌性大海龟从水里爬上海滩，用它的鳍在海滩上挖了一个洞，把海龟蛋产在里面。现在它正在回海里的路上。

水龟

　　水龟的背甲略呈褐色或黑色，上有隆起的菱形纹样，头及四肢上有斑点，背甲中央有一条棱嵴，嵴缘有时为锯齿状。它们以小动物及某些植物为食。

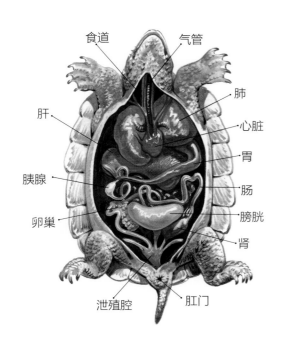

食道　气管

肝

胰腺

卵巢

肺

心脏

胃

肠

膀胱

肾

泄殖腔　肛门

龟的内部构造

　　龟类的内部构造和其他脊椎动物相似，一对肺片之间有三个心室的心脏，肠、膀胱、输卵管都是通向泄殖腔的。

乌龟晒太阳

　　乌龟需要通过晒太阳来吸收热量，以加快消化和产生维生素D。而且，雌性乌龟一般比雄性乌龟需要的热量多，这样才能有足够的能量下蛋。

 龟小档案

家庭出身： 脊索动物门，爬行纲，龟鳖目，龟科

聚 居 地： 世界各地

寿　　命： 15～152年

主要食物： 植物和小动物

"人类的朋友" 青蛙

　　青蛙是两栖类动物。青蛙的种类大约有4800种，绝大部分生活在水中，也有生活在潮湿雨林环境中的树上的。青蛙多数以昆虫为食，但大型蛙类可以捕食小鱼甚至老鼠。青蛙可以捕食大量的田间害虫，是对人类有益的动物。

用肺和皮肤呼吸

　　青蛙的肺构造简单，极不发达，气体的交换量很少，根本无法满足它本身对氧气的需要。但是青蛙的皮肤经常分泌黏液，能保持皮肤湿润，顺利地进行气体交换，所以青蛙常常用皮肤吸一些氧气，来补充它本身生理上对氧气的需要。

通过皮肤呼吸氧气。

肺

肺内的空气

气管

潮湿的皮肤表面

青蛙将卵产在干净的水里。

蝌蚪的尾巴不见了，变成了青蛙。

卵慢慢变成了蝌蚪。

蝌蚪慢慢长出了腿。

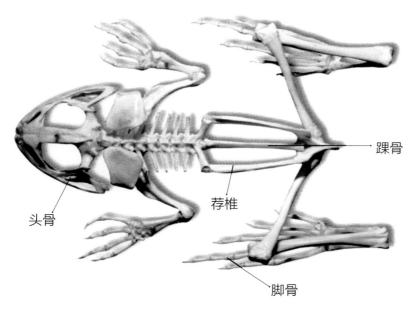

踝骨

荐椎

头骨

脚骨

北美牛蛙骨架

　　这只北美牛蛙的骨骼显示出现代蛙类的一些特征，它的后腿骨长而有力，这样就能够在游泳或追捕猎物时速度更快。

红眼树蛙 >>>>

　　红眼树蛙主要生活在中美洲的热带雨林地区，它的脚蹼大大的，形状像水杯，能帮助它在树上爬来爬去捉昆虫吃。

缩回后腿

绷直后腿

把脚推向一边

推动身体前移

恢复原状，准备下一次前进

青蛙提起它的腿

青蛙游泳过程

第四章
人类的
亲密伙伴

　　人是动物进化后的最高阶段的生物。人源于动物又高于动物，但却始终和动物保持着千丝万缕的联系。动物可以是人类最好的朋友，它们可以帮助人类从事很多工作；可以陪伴寂寞的老人；有的动物还可以为盲人领路。动物是人类不可缺少的伙伴，我们要爱护和善待我们的朋友，与它们和谐相处。

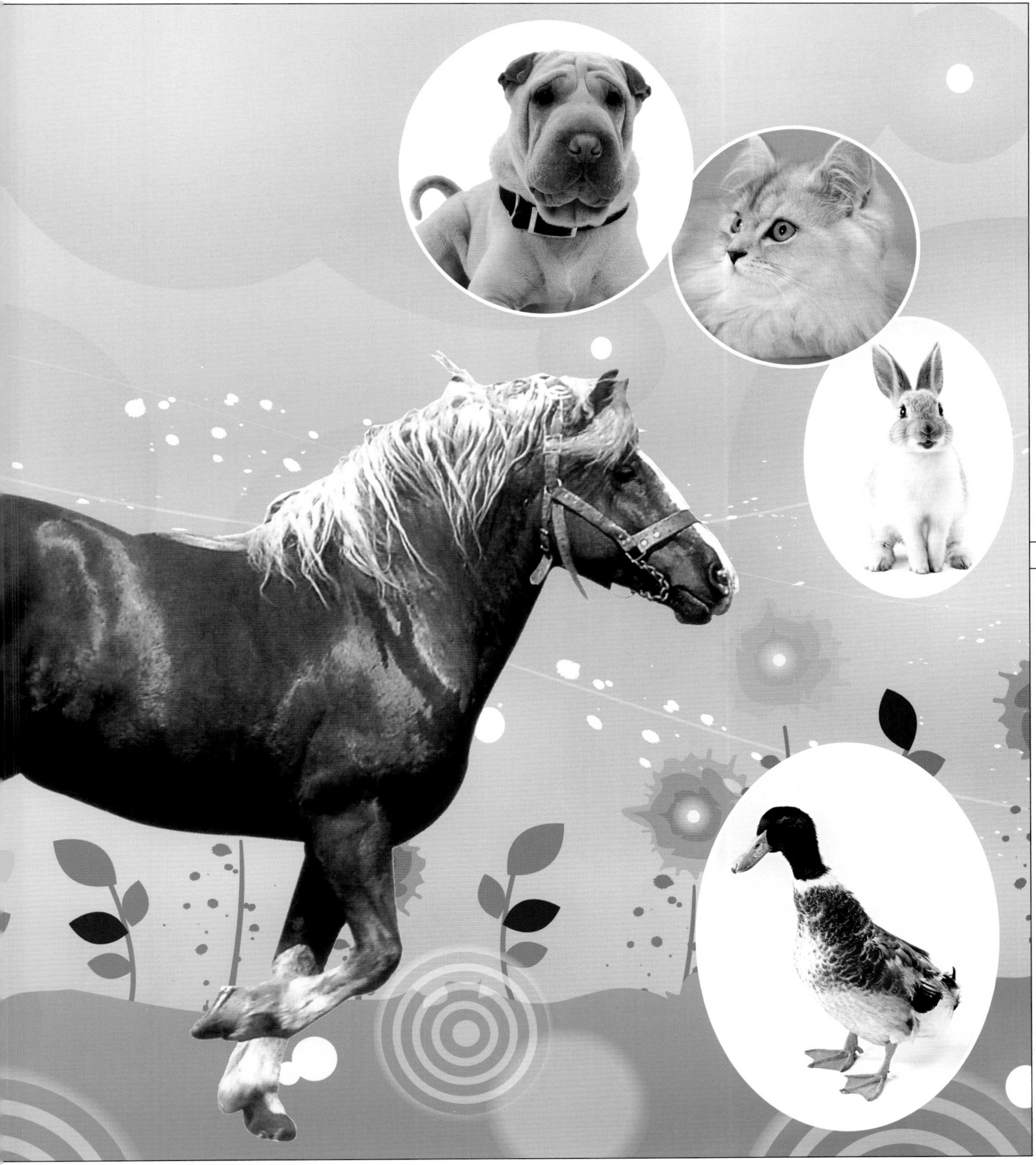

忠实可靠的狗狗

　　很久以前，狗也是生活在森林中的。后来因为人类在打猎时，狗经常主动配合人类捕捉猎物，所以人类经常也会给狗一部分猎物，这样双方交往一段时间后就渐渐成了朋友。因为狗的忠诚、顽皮、聪明和善解人意，它们走进了人类的生活。它们有的会帮助主人看家护院；有的会帮助牧人放羊；有的会替盲人领路；还有的会协助警察侦破案件。可以说，狗是人类最忠实的朋友之一。

雪橇犬——阿拉斯加雪橇犬

　　阿拉斯加雪橇犬拥有浓密的双层毛，外层较粗糙的毛能阻挡冰雪，内层毛如羊毛般柔软而带有油脂，具有良好的保温效果。

警觉的耳朵　　厚厚的皮毛

灵敏的鼻子

尾巴

喘气降温

肩膀　　悬爪

阻力垫

大家一起欣赏一下这些可爱的宠物狗狗吧！

日本狆犬　　　　　　蝴蝶犬　　　　　吉娃娃

看门犬——大麦町犬

大麦町犬以白底带黑色或灰色的斑点而著称，而且斑点越多越好。不过它们刚出生时毛色是纯白的，通常是长大之后斑点才会渐渐浮现出来。大麦町犬个性热情，对主人很依赖，很能安慰人，是很好的居家伴侣犬和看门犬。

牧羊犬——柯利

柯利牧羊犬有一对灵动而充满感情的耳朵，会借助耳朵的动作表达出自己的情绪。它们的听觉非常敏锐，0.5千米以外的声音仍听得见。柯利牧羊犬身体强健，据说日行距离可达160千米以上。即使高速奔跑仍能保持观察四方的习性。它柔软温顺的犬毛下面，隐藏的是坚毅的牧羊犬的性格。

狩猎犬——阿富汗猎犬

阿富汗猎犬来自于沙漠地带。它的体格瘦长，毛发多且长，足掌厚实，像一只轻巧的小羚羊，可以抵挡昼夜温差很大的恶劣气候。它的视觉特别好，眼力敏锐，一看到动的东西眼神就专注起来，甚至会急速向前想要一探究竟。它是狩猎犬中难得的优良品种。

警犬——杜宾犬

杜宾犬因为长相威严庄重，再加上性格一板一眼，警戒心又强，因此一直被选定为军用警犬。杜宾犬源自德国，后来杜宾犬在美国经过犬种改良后，没有那么凶狠了，也不那么容易因戒心、激动而出现攻击行为。

软萌可爱的猫咪

猫是肉食动物，很早就被人类驯养了。野外的猫以捕食老鼠、兔子和小鸟为生。家猫已经适应了人们为它配制的食物，同时也会捕食老鼠和鱼。关键的是家猫已经失去了野性，变得可爱而温顺，是人类喜欢饲养的宠物之一。

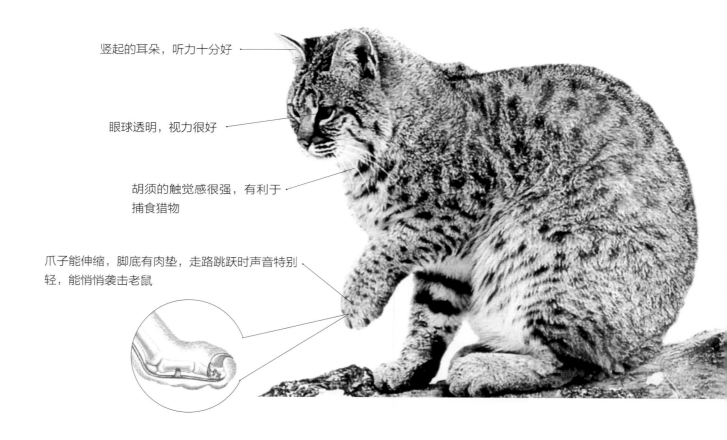

竖起的耳朵，听力十分好

眼球透明，视力很好

胡须的触觉感很强，有利于捕食猎物

爪子能伸缩，脚底有肉垫，走路跳跃时声音特别轻，能悄悄袭击老鼠

一日三变的猫眼

猫眼的样子在早上、中午、晚上都是不一样的。在早上中等强度阳光的照射下，瞳孔会形成枣核的样子；在中午强烈阳光的照射下，它的瞳孔可以缩得很小，像一根线一样；在晚上昏暗灯光的情况下，瞳孔可以大得像满月那样。

高超的爬树本领

　　有人说猫很像老虎，可猫的个头和力气哪能跟老虎比啊！不过，猫具有一项老虎没有的本领，那就是高超的爬树本领。猫的爪子能自由伸缩，黏附性很强，这样它上树的时候就很容易了，不用担心从树上掉下来。就算猫不小心从树上跌下，它也能及时扭转身体，安全地四足着地，不会摔伤。

大家一起来看一看，多可爱的小猫咪啊！

用口水洗澡

　　猫很爱干净，不过，它可一点也不喜欢用清水洗澡。它最喜欢用口水给自己洗澡了。它先用口水舔湿脚掌，再用脚掌伸到耳朵和眼睛周围揉搓一遍，就把头和脸清理干净了。然后再用它的舌头把全身舔一遍，这样澡就洗完了，非常干净呢！

帅气英俊的马儿

马在古代曾是农业生产、交通运输和军事等活动的主要动力。马是一种草食性家畜。它有四条健壮的腿，最大的特点就是善于奔跑。多少年来，马一直是人类的好朋友，尽心尽力地为人类服务，从不要求半点回报。

站着也可以睡觉

马的睡觉方式和人不同，它一般都是站着睡觉的。这是为什么呢？马为了迅速而及时地逃避敌害，在夜间不敢高枕无忧地卧地而眠。即使在白天，它也站着打盹，保持高度警惕，以防不测。

光滑的皮毛

脚趾

足跟

脚心

坚硬的外壳

保护层

大尾巴可以驱赶蚊蝇

强有力的四肢

耳鬓厮磨的感情

马与马交流感情的方式和人类实在太像了。它们会用脖子和脖子相互贴在一起，再用它们自己的语言向对方诉说着绵绵的情话。

脖子上有美丽的鬃毛

大眼睛能随时观察周围的环境

嗅觉灵敏

骑马小常识	
骑马的准备	骑马前先要扣紧肚带，防止马鞍滚转
骑马的姿式	握紧缰绳，两脚前脚掌踩紧马蹬，蹬力相同，臀部不要坐得太实，身体随马的步伐摇动
操纵方法	两手紧提马缰绳，左转向左拉，右转向右拉，需停下时双手同时勒紧缰绳

奇怪的洗澡方式

马喜欢在草地上打滚，其实，那是马在给自己洗澡呢！你一定会奇怪，那不是越洗越脏吗？马在地上打滚不仅能蹭痒，还能除掉皮毛上的虫子。同时，还可以解除疲劳，恢复体力。

任劳任怨的牛

　　牛家族的成员大致可分为野牛和家牛两大类。家牛可分为：奶牛、黄牛、水牛和牦牛四类。野牛的性情都比较暴躁，不要轻易靠近，以免受伤。家牛的性情都比较温顺，以草为主要食物。多少年来，家牛为人类产奶和耕地，勤勤恳恳，任劳任怨，作出了突出的贡献。

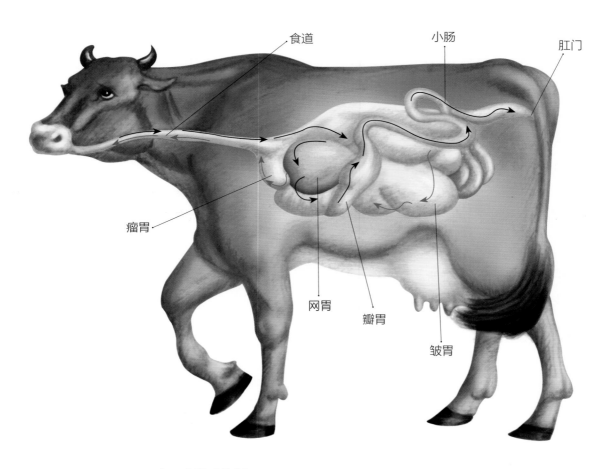

食道　　小肠　　肛门

瘤胃　　网胃　　瓣胃　　皱胃

牛胃的结构

　　牛是反刍动物，与其他的家畜不同，最大的特点是有四个胃，分别是瘤胃、网胃、瓣胃和皱胃。前三个胃里面没有胃腺，不分泌胃液，统称为前胃。第四个胃有胃腺，能分泌消化液，与猪和人的胃类似，所以也叫真胃。牛瓣胃的作用是将瘤胃和网胃送来的食物挤压和进一步磨碎，然后进入真胃，在其内进行彻底的消化。

黑白花奶牛

　　黑白花奶牛是乳用品种牛，它的头部轮廓清晰，颈部有皱褶。全身结构匀称，细致紧凑，棱角清晰。后躯较前躯发达，乳房庞大，产奶量高，奶质好。

水牛

　　水牛耳廓较短小，头额部狭长，角较细长。水牛一般用于耕地或拖拉重物。水牛喜欢待在水里或泥里，这样就可以避免蚊虫的叮咬。

黄牛

　　黄牛在中国的饲养数量居大家畜或牛类的首位，黄牛饲养地区几乎遍及全国。在农区主要为役用，半农半牧区役乳兼用，牧区则乳肉兼用。它的头部略粗重，角形不一。体质粗壮，结构紧凑，肌肉发达，四肢强健，蹄质坚实。因自然环境和饲养条件不同而分为北方黄牛、中原黄牛和南方黄牛三类。

牦牛

　　牦牛是世界上生活在海拔最高处的哺乳动物，被称作"高原之舟"，主要分布在喜马拉雅山脉和青藏高原。牦牛一般全身呈黑褐色，身体两侧和胸、腹、尾毛长而密，四肢短而粗壮。牦牛生长在海拔3000～5000米的高寒地区，能耐—40～—30℃的严寒。

非洲野牛

　　非洲野牛是非洲草原上体型最大的动物之一，虽是食草动物，但却是最可怕的猛兽之一。它们集体作战，由一头成年雄性野牛带头，组成大方阵冲向入侵者，通常有数百头甚至上千头，时速高达60千米，在这样的阵势下，入侵者会被踏成肉泥。

尾巴短短的**兔子**

兔子是哺乳纲，兔形目，草食性脊椎动物。兔子的头部略像老鼠，耳朵特别大，上唇中间分裂，尾短而向上翘，前肢比后肢短，善于跳跃，跑得很快。兔子的主要食物是草和蔬菜。

兔子磨牙作用大

因为兔子的牙齿可以不断地生长，如果没有适当的磨损，兔子的门牙就会向外生长。过长的门牙会让兔子的嘴唇无法闭合，也会让兔子无法正常进食，最严重的状况是会导致兔子饿死。而门牙的牙根也会向内生长，长长的牙根可能会让兔子的泪管阻塞，兔子就会流眼泪，如果因此细菌感染，兔子就会产生不正常的眼鼻分泌物。

兔子的头骨

我们可以从兔子的头骨构造看出兔子的牙齿是相当锋利的。这两颗切牙是兔子赖以生存的最有利的武器。如果没有了切牙，兔子也就不可能将草或其他植物迅速地啃下并嚼碎。

超生游击队

兔子每年能生产4～6次，一次生6～10只。科学家们现在已经知道，兔子的超强繁殖能力是因为它们奇特的生理特性：它们在产下幼崽后，体内的晶胚会增加。如果在90年内不采取措施限制兔子繁殖，那么90年后地球上每平方米的土地上都会站着一只兔子。

兔子的表情语言

当兔子用脚尖站起时，是警告的意思。当兔子感到害怕时，它们会蹬后腿。当兔子成年后，就可能出现绕圈转的行为，绕圈转是一种求爱的行为，同时也代表想引人注意或索要食物。

狡兔三窟

别看兔子长得一脸的乖巧样，其实，兔子是相当机灵和狡猾的。不说别的，你看看它的巢穴分布就知道了。它给自己设置了好几个窝，每个窝都有相应的出口，并且每个窝都是相通的。要想抓住兔子可不是件容易的事！

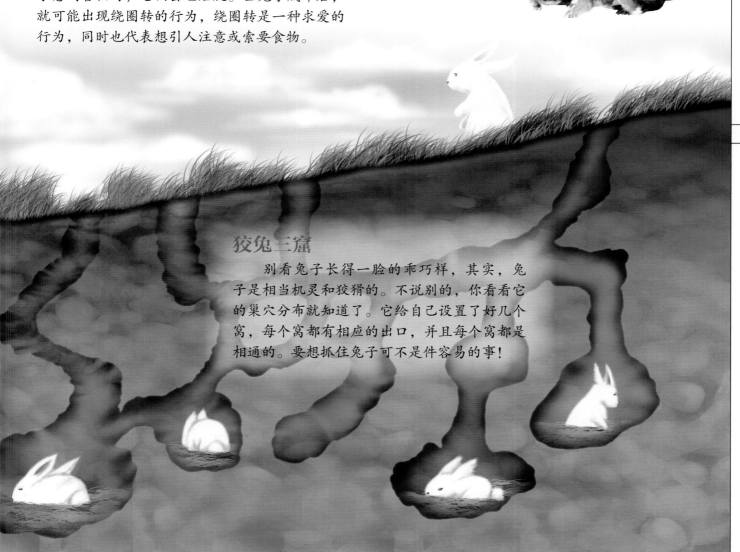

会下蛋的鸡、鸭、鹅

　　鸡是人类饲养的最普遍的家禽。家鸡源于野生的原鸡，其被驯化的历史至少约4000年，但直到1800年前后鸡肉和鸡蛋才成为大量生产的商品。鸭子有家鸭和野鸭两大类。家鸭嘴扁腿短，趾间有蹼，善游泳，肉和蛋可以吃，绒毛可做衣被。鹅比鸭大，额部有肉瘤，颈长，嘴扁而阔，腿高尾短，脚趾间有蹼，羽毛白色或灰色。鹅会游泳，吃谷物、蔬菜、鱼虾等，肉和蛋可以吃。

脖子上金黄色的毛显得格外耀眼

公鸡的鸡冠非常鲜艳美丽，这是母鸡所不能媲美的

公鸡早上会打鸣，提醒人们起床的时间到了

母鸡没有公鸡那一身漂亮的"外衣"，但是母鸡会下蛋。而且母鸡具有和人类一样伟大的母爱。它可以为了保护小鸡而拼了自己的性命。

公鸡的脚上除了有四个脚趾外，还会长出一个"距"，"距"是公鸡作战时的最有利的武器

小鸡出壳之后就可以随处走动了。

小鸡的孵化过程

　　鸡蛋一般在母鸡温暖的怀里待20天左右，起初是胚胎喙部穿破壳膜，伸出小嘴，称为"起嘴"。接着开始啄壳，称为"见嘌"或"啄壳"，最后就破壳而出了。

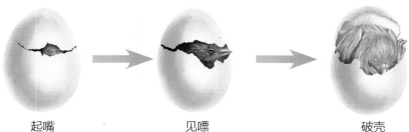

起嘴　　　　　见嘌　　　　　破壳

头顶上有绿色的羽毛

嘴扁平而宽大

绿头鸭的翅膀比较发达，会飞，但飞得不高

绿头鸭的羽毛有很强的防水性

绿头鸭

脚掌宽大，脚趾之间还有一层皮，叫作蹼，这样游泳的时候就非常方便了

如何选择雏鸭

如果你想饲养一只鸭子，应该选择那些眼大有神、比较活跃、绒毛有光泽、抓在手上挣扎有劲的雏鸭。凡是腹大突脐、行动迟钝、瞎眼、跛脚、畸形、体重过轻的雏鸭，一般成活率较低，长得也不快。

鸭的体型相对较小，颈短。腿位于身体后方，因而步态摇摇摆摆。

鹅

家鹅的祖先是雁，大约在三四千年前已经被人类驯养，现在世界各地均有饲养。鹅的头大，喙扁阔，前额有肉瘤，脖子很长，身体宽壮，龙骨长，胸部丰满，尾短，脚大有蹼。食青草，耐寒，有合群性，抗病力强，生长快，寿命较其他家禽长。

第五章
小虫子的
大世界

世界上昆虫的种类大约在1000万种以上。而现在已被人类认知的昆虫大约有100万种，只占其中极少的一部分。昆虫通常是中小型到极微小的无脊椎生物，是节肢动物中最主要的成员之一。昆虫最大的特征就是身体可分为三个不同区段：头、胸和腹。它们有六条相连接的脚，而且通常有两对翅膀贴附于胸部。它们今日仍是相当兴盛的族群，已有超过100万的种类。

"美丽天使" 蝴蝶

蝴蝶是鳞翅目蝶类昆虫的一种,世界上除了南北极等寒冷地带以外都有分布,其中南美洲亚马逊河流域的数量最多。蝴蝶一般色彩绚丽,翅膀和身体均有形形色色的斑纹,头部有一对棒状或锤状触角。

触角

比前翅小一些的后翅

独特而修长的身体

蝴蝶的完全变态过程

蝴蝶是一种完全变态昆虫,它的成长发育要经过四个阶段:卵、幼虫、蛹、成虫。它可以从一只没有翅膀的小虫子,变成一只挥着绚丽翅膀的漂亮蝴蝶。

①

幼虫经过几次蜕皮后,开始吐丝,然后它用腹脚紧紧地钩住物体,倒吊成J形,接着开始脱壳,以绿色的外骨骼包裹自己。

②

茧的颜色苍白,圆而丰满。从表面看它没有生命特征,但透过表皮仔细观察,就可以看见茧中的蛹在发生着细微的变化。

③

茧的颜色慢慢变深,透过茧可以看见蝴蝶的翅膀已经成形。接下来茧会从头的后面沿着翅膀裂开。

由6000个独立的
小眼组成的复眼

颜色艳丽的前翅

覆盖着层层
鳞片的翅膀

⑥

从茧中出来的蝴蝶，等到翅膀完全变干、变硬，它会试着拍打翅膀，去开始它的新生活。

⑤

新的蝴蝶成虫倒挂在茧上，这样重力可以帮它舒展身体。

蝴蝶小档案

家庭出身： 节肢动物门，昆虫纲，鳞翅目

聚 居 地： 热带和亚热带

特　　征： 嘴像吸管，头上有一对棒状的触角

主要食物： 花蜜等

④

蝴蝶吸入空气，让自己慢慢鼓起来，从而使茧进一步裂开。刚从茧里出来的蝴蝶身体湿湿的，摇晃着附着在茧壳上。

辛劳的小蜜蜂

蜜蜂是膜翅目蜜蜂科中的一种昆虫，它们采食花粉和花蜜，并酿造蜂蜜。蜜蜂大多是独来独往的，但也有一部分是社会性群居昆虫，有着严密的分工。蜜蜂是一种完全变态昆虫，一生要经历卵、幼虫、蛹和成虫四个形态。

蜜蜂的翅膀

蜜蜂的前翅要比后翅大，要依靠网状的翅脉支撑着。蜜蜂前翅的边缘有一排极小的钩子，当它飞行的时候，这些钩子会把前翅和后翅连接起来，从而使蜜蜂能飞得更快。

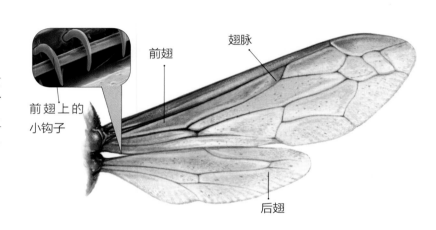

前翅上的
小钩子

前翅

翅脉

后翅

蜜蜂的大家庭

一个蜂巢中只有一只蜂王，家族中的其他成员均由蜂王产的卵发育而来。它们大多数都是辛勤劳作的工蜂，还有数十只或数百只的雄蜂。

工蜂：负责采蜜酿蜜、喂哺幼虫、建造蜂巢、防御敌人等工作

雄蜂：由未受精的卵发育而成，负责与蜂王交配后繁殖后代，不参加采蜜和酿蜜的劳动

蜂蜜：工蜂把采集的花蜜加工成蜂蜜喂给幼虫，或者储存起来作为过冬的食物

盖上的巢室：当幼虫发育成蛹后，工蜂就分泌蜡把巢室密封起来

蜜蜂的身体内部结构

蜜蜂是通过身上的气孔呼吸的，这个气孔让身体各个部位都有空气流通；神经系统接收感觉器官发来的信号并作出反应；消化系统分解食物并吸收营养物质。

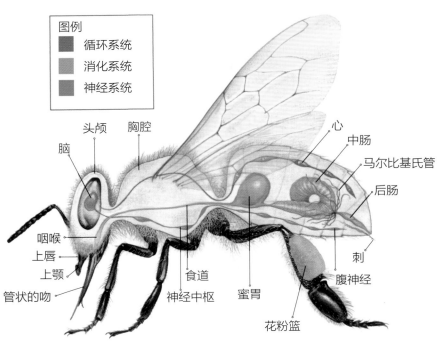

图例
- 循环系统
- 消化系统
- 神经系统

头颅　胸腔
脑
心
中肠
马尔比基氏管
后肠
咽喉
上唇
上颚
管状的吻
食道
神经中枢
蜜胃
花粉篮
刺
腹神经

蜂王： 具有生殖能力的雌蜂，负责产卵繁殖后代，同时"统治"其他蜜蜂

蜂王在每个巢室中只产一枚卵

蜜蜂小档案

家庭出身：	节肢动物门，昆虫纲，膜翅目，蜜蜂科
聚居地：	山地、平地等
特　征：	头顶一对触须，眼睛大，全身毛茸茸，有圆尖的腹部
主要食物：	花蜜

采集花蜜

蜜蜂有一个长长的管状吻，用来采集花蜜。这个柔韧的吻可长可短，能适应不同的花朵。采蜜的时候，工蜂的吻像吸管一样伸到花朵里吸蜜，然后把蜜存在自己的蜜胃里再带回蜂巢。

喜欢织网的**蜘蛛**

蜘蛛的种类繁多，分布较广，适应性强，它能生活或结网在土表、土中、树上、草间、石下、洞穴、水边、低洼地、灌木丛、房屋内外，或栖息在淡水中(如水蛛)、海岸、湖泊等。总之，水、陆、空都有蜘蛛的踪迹。蜘蛛多以昆虫为食，部分蜘蛛也会以小型动物为食。

蜘蛛小档案

家庭出身： 节肢动物门，蛛形纲，蜘蛛目

聚居地： 除南极洲以外，全世界都有分布

特　征： 八只脚，大部分蜘蛛会吐丝

主要食物： 昆虫

蜘蛛的蜕皮过程

① 蜘蛛的甲壳上出现了一条裂缝

② 裂缝从甲壳向腹部延伸

③ 蜘蛛小心翼翼地将身体从旧皮肤中解脱出来

④ 蜘蛛将皮完全蜕去，形成了新的皮肤

蜘蛛的身体内部结构

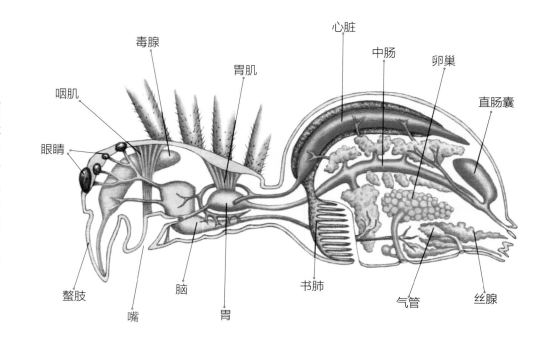

毒腺　心脏　中肠　卵巢　胃肌　直肠囊　咽肌　眼睛　螯肢　嘴　脑　胃　书肺　气管　丝腺

蜘蛛的结网过程

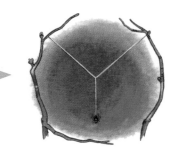

第一步，蜘蛛先将一根结实的水平丝线的两端固定在树枝上。

第二步，蜘蛛开始织造一个稳定的三角造型，构成网的中心。

第三步，蜘蛛在这个中心上织造一个稳定的框架。

最后，蜘蛛将有黏性的螺旋丝牵到网上，这样就可以捕捉猎物了。

第四步，蜘蛛开始从中心向四周牵出没有黏性的螺旋丝，连接每根纵线。

蜘蛛的身体结构

腹部
蜘蛛的腹部被皮革般柔软而坚韧的皮肤覆盖，里面包裹着身体的部分器官

触角
蜘蛛用这些足状的触角触摸和品尝食物

头胸部
头胸部上方有一个坚硬的保护壳

足部
每只足都由七节组成，这样可以灵活地四处移动

下巴
用于咬住和撕裂猎物

蜻蜓会点水

　　蜻蜓一般体型较大，翅长而窄，膜质，网状翅脉极为清晰，飞行能力很强，每秒钟可达10米，既可突然回转，又可直入云霄，有时还能后退飞行。休息时，双翅平展两侧，或者直立于背上。蜻蜓主要是捕食害虫，它一天大约能捕食150只害虫。对人类来说，蜻蜓是一种很受欢迎的益虫。

蜻蜓变态过程

蜻蜓的若虫生活在水里，桨状的尾巴帮助其游泳和呼吸。

蜻蜓的若虫羽化之前，会爬出水面，它的背部皮肤开始裂开。

皮肤裂口进一步加大，成虫的头部和胸部露出来了。

捕食猎物

　　蜻蜓的飞行技术十分高超，只要发现猎物，就会像离弦的箭一般俯冲而下，用它那长满刺毛的六只脚抓住猎物，甚至能一边飞一边吃猎物。

成虫的翅膀开始变得透明，纹脉交错，两小时之后能勉强飞行。

成虫柔软的身体从旧皮中挣脱出来，血液就会涌进褶皱的翅膀中。

千里眼

　　蜻蜓的那对大眼睛由一万到三万个小眼组成，视力非常好，看东西既准确又清晰，即使在飞行的时候也能轻易发现猎物，说它是"千里眼"一点也不为过。

足细而弱，上有钩刺，可在空中飞行时捕捉害虫

蜻蜓的复眼约占头部的1/2，约由28000多只小眼组成，视觉极为灵敏

前翅和后翅不相似，后翅常大于前翅

翅的前缘，近翅顶处各有一个翅痣

腹部细长、扁形或呈圆筒形

肛附器

 蜻蜓小档案

家庭出身： 节肢动物门，昆虫纲，蜻蜓目

聚 居 地： 溪边、水塘和沟渠等

特　　征： 眼睛很大，脚长满刺毛

主要食物： 昆虫或小动物

会变色的**蝗虫**

蝗虫栖息在各种场所，在热带森林低洼地、半干旱区和草原最多。它们是最善于伪装的昆虫：如果它们藏身在成熟的稻田里，身体的颜色就会变成黄绿色；如果它们停留在草丛中，身体的颜色又会变成绿色，这样你想发现它们都很难。

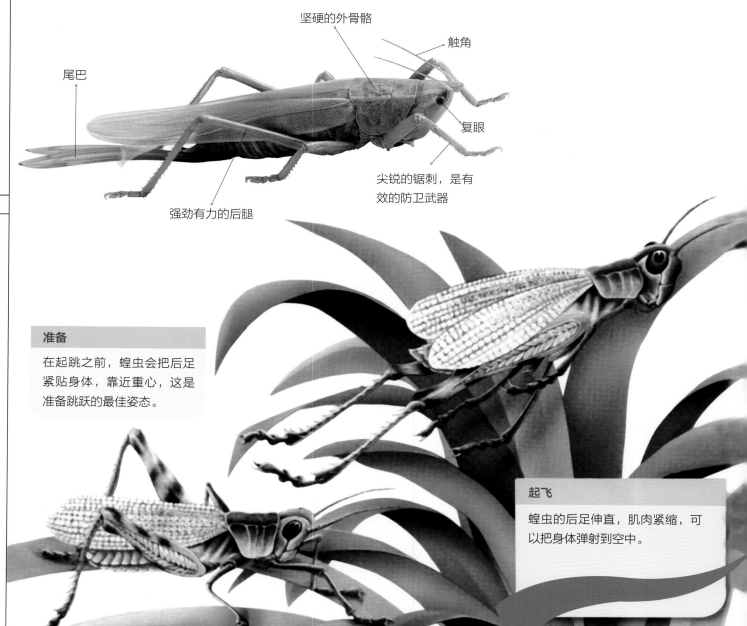

坚硬的外骨骼

触角

尾巴

复眼

尖锐的锯刺，是有效的防卫武器

强劲有力的后腿

准备

在起跳之前，蝗虫会把后足紧贴身体，靠近重心，这是准备跳跃的最佳姿态。

起飞

蝗虫的后足伸直，肌肉紧缩，可以把身体弹射到空中。

蝗虫小档案

家庭出身： 节肢动物门，昆虫纲，直翅目
聚 居 地： 森林、草原
特　　征： 后脚比前脚长，适合跳跃
主要食物： 禾本科植物

蝗虫的交配 >>>>

雄虫在测量好距离后起跳，捕获雌虫。经过一系列翻滚后雌虫妥协，交配正式开始。交尾后的雌虫把产卵管插入10厘米深的土中，再产下约50粒的卵。

蝗虫的身体内部结构

在蝗虫体内有粗细不等的纵横相连的气管，气管一再分支，最后由微细的分支与各细胞发生联系，进行呼吸作用。因此，气门是气体出入蝗虫身体的门户。

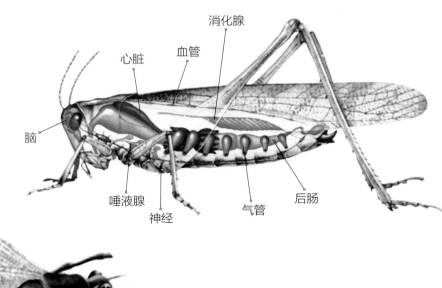

消化腺
心脏　血管
脑
唾液腺
神经
气管
后肠

展翅

蝗虫跳到最高点时，伸开双足保持身体平衡，开始展翅飞行。

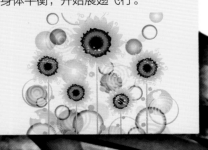

好斗的锹形虫

锹形虫是锹甲科昆虫的总称，全世界约有1200种。雄虫通常有角一般的大颚，并非用来咀嚼食物，而是为了与其他雄虫打斗，争夺食物、地盘和雌虫的，当然也可以用来对抗天敌。

两只打斗的锹形虫

锹形虫的个性很凶猛，两只锹形虫如果在路上不期而遇，常常会打起来。在争斗时，它们会用大颚夹住对手，力气比较小的一方会被另一方举起来并摔到地上，这样就算输了。

胜利者将和雌虫交配

失败者被高举在空中，然后会被抛到地上

雌性的锹形虫

辨别雌、雄锹形虫主要通过它们的大颚。雄虫的大颚非常发达，因为它们主要用来争斗；雌虫的大颚一般用来挖掘产卵时栖息的朽木，所以短而坚硬。

锹形虫的体表特征

用来抓东西的爪子

坚硬的鞘翅遮住了里层的翅膀和腹部

用来打斗的大颚

腿部的关节在同一平面上移动

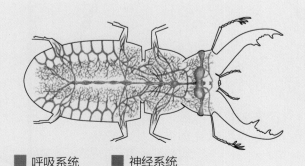

■ 呼吸系统　　■ 神经系统

锹形虫的呼吸系统有一些通向身体内气管的呼吸孔，空气通过呼吸孔进入身体内，再通过气管到达身体的各个部分。神经系统负责接收感觉器官传递的消息，再把指令下达到肌肉来指挥身体的运动。

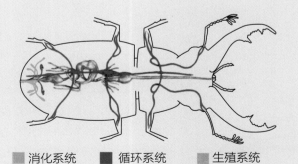

■ 消化系统　　■ 循环系统　　■ 生殖系统

消化系统主要的作用是消化和吸收食物营养。循环系统包括长而细的心脏，心脏为全身输送血液。生殖系统位于腹部，雄虫有两个精巢以产生精子，雌虫有两个卵巢以产生卵子。

团结的**蚂蚁**

蚂蚁是一种典型的社会性昆虫，常成群地活动。在一个大家族中，蚂蚁有着明确的分工，它们互相合作共同劳动。蚂蚁可以生活在任何有合适的生存条件的地方，是世界上抵御自然灾害能力最强的生物之一。

蚂蚁小档案

家庭出身： 节肢动物门，昆虫纲，膜翅目，蚁科

聚居地： 高山、丘陵、平原

特　　征： 脚长、头大，翅膀是透明的暗黄褐色，尾端有毒刺

主要食物： 杂食性

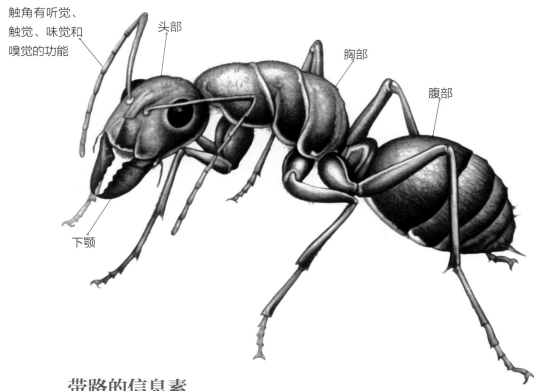

触角有听觉、触觉、味觉和嗅觉的功能

头部

胸部

腹部

下颚

带路的信息素

蚂蚁还可以通过身体发出的信息素来进行沟通，一只蚂蚁找到食物，会在食物上散布信息素，其他的蚂蚁就会根据信息素找到食物并拖回洞里去。而且不同的蚂蚁有不同的信息素，它们以此来辨别同伴。

叶子上的家

绿色织布蚁正在建造一个家，它们齐心协力把叶子收集在一起，再把叶子的边缘缝合。幼虫在成虫的挤压下会排出一种丝，这种丝会被用来缝合叶子。每一块领地上，大约有50万只绿色织布蚁。

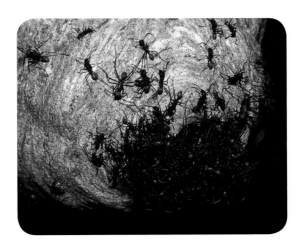

偷袭胡蜂巢穴

蚂蚁大军偷袭胡蜂的巢穴，它们集体攻进巢穴中，然后享用盛宴——胡蜂的幼虫。除了胡蜂，蚂蚁大军也会攻击白蚁和其他种类的蚂蚁。

蚂蚁的语言

蚂蚁在巨大的群体中共同生活和劳动，如果需要交流，就互相碰碰触角，传递一些关于食物、危险或其他事情的信息。

蚂蚁的军队

有的蚂蚁会经常搬迁，它们会成群地扫荡一个地方，寻找食物，捕食那里的昆虫。

第六章
鸟类大家族

　　鸟在生物家庭出身上是脊椎动物亚门下的一个纲。鸟是两足、恒温、卵生、身披羽毛的脊椎动物。鸟的体型大小不一，既有很小的蜂鸟也有巨大的鸵鸟。目前全世界为人所知的鸟类一共有9000多种，大约有120～130种鸟已绝种。鸟的食物多种多样，包括花蜜、种子、昆虫、鱼和腐肉等。大多数鸟类都会飞行，少数平胸鸟类不会飞，特别是生活在岛上的鸟，基本上已失去了飞行的能力。不能飞的鸟包括鸵鸟，以及绝种的渡渡鸟。

猫头鹰小档案

家庭出身： 脊索动物门，鸟纲，鸱鸮科
聚 居 地： 主要在林地和树洞
活动时间： 夜间或黄昏
主要食物： 主食鼠类，间或捕食昆虫和
小动物

"暗夜使者" 猫头鹰

猫头鹰眼周的羽毛呈放射状，细羽的排列形成脸盘，面形似猫。周身羽毛大多为褐色，散缀细斑，稠密而松软；头大而宽；嘴短，侧扁而强壮，先端钩曲；嘴基部有蜡膜。左右耳不对称，左耳道明显比右耳道宽阔，而且左耳有发达的耳鼓。大部分还生有一簇耳羽，形成像人一样的耳廓。听觉神经很发达。它们还有一个转动灵活的脖子，使脸能转向后方。

猫头鹰消化不良

猫头鹰每天都要吐1～2次，上一顿吃的东西一般都是不会完全消化的。从右侧这些吐出物中我们可以知道猫头鹰吃的是一个小的哺乳动物。

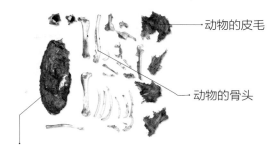

动物的皮毛

动物的骨头

动物的软毛和骨头
全都粘在一起

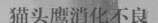

猫头鹰的骨架 ▶▶▶▶

眼圈

头骨

颈骨

尾骨

翅骨

膝关节

胸骨

踝关节

腿骨

脚趾

爪子

从上图可以看出猫头鹰头骨和眼圈很大，胸骨宽大，腿骨很长，脚骨有力。它的身体呈流线型，翅骨很长，适合飞行。

猫头鹰的眼睛

猫头鹰的眼球呈管状，有人把猫头鹰的眼睛形容成一架微型的望远镜。在猫头鹰的视网膜上有极其丰富的柱状细胞，柱状细胞能感受外界的光信号，因此猫头鹰的眼睛能够察觉极微弱的光亮。

虹膜

瞳孔

光感神经

眼睛晶体

107

翱翔天际的**雄鹰**

　　鹰，喙呈蓝黑色，上喙弯曲，脚强健有力，趾有锐利的爪，翼大善飞，视觉敏锐，能在高空飞翔时看到地面上的猎物。鹰是一种肉食性猛禽，通常在峡谷内觅食，吃蛇、鼠和其他鸟类。鹰的家庭成员很多，有隼、鹰、鹫、雕等。

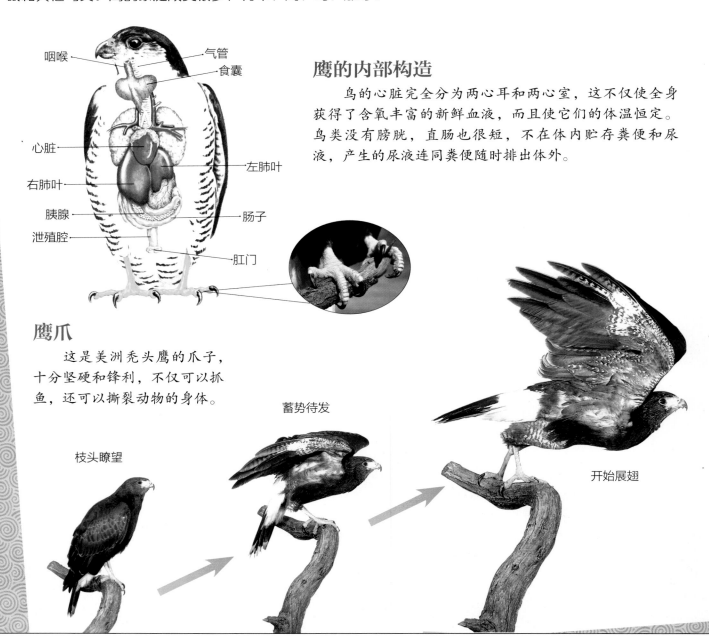

咽喉　气管　食囊　心脏　右肺叶　胰腺　泄殖腔　左肺叶　肠子　肛门

鹰的内部构造

　　鸟的心脏完全分为两心耳和两心室，这不仅使全身获得了含氧丰富的新鲜血液，而且使它们的体温恒定。鸟类没有膀胱，直肠也很短，不在体内贮存粪便和尿液，产生的尿液连同粪便随时排出体外。

鹰爪

　　这是美洲秃头鹰的爪子，十分坚硬和锋利，不仅可以抓鱼，还可以撕裂动物的身体。

枝头瞭望

蓄势待发

开始展翅

大家也许只知道老鹰捉小鸡的故事。其实，有一种老鹰叫游隼，还会帮助猎人狩猎呢！

飞翔

加速飞翔

鹰的飞行路线

热空气上升

滑翔和翱翔

鹰能借助波涛或峭壁上产生的上升热气流向上滑翔。因为上升的热气流能产生一种向上的推动力，这样鹰就能借助这种力量向上滑翔而不需要依靠拍打翅膀的力量飞行。

会说话的鹦鹉

　　大多数鹦鹉有色彩鲜艳的羽毛，并且生活在热带雨林中。它们一般成群结对，四处飞行，发出清脆的尖叫声。目前，许多鹦鹉正受到栖息地被毁灭的威胁。

吸蜜鹦鹉

　　吸蜜鹦鹉羽色鲜艳，以花粉、花蜜和果实为食，与一般的鹦鹉以谷物为食有着很大的不同。为了能够适应环境，它们的喙比一般鹦鹉的长，而且舌头也相对的细长，更特别的是舌头上有刷状的毛。这些不同之处使它们能深入花朵中取得它们的食物。

雌性鹦鹉全身以红色为主，脖颈上有一圈蓝色

折衷鹦鹉

　　大部分的鹦鹉，不论雌雄都是同样的颜色。可折衷鹦鹉的雌雄却长着不同的颜色。雄的全身大部分都是绿色，雌的全身大部分都是红色。雌雄鹦鹉总是成双成对的出入，一起觅食，一起睡觉。当有危险情况发生时，双方会以尖叫声来通知对方逃跑。

雄性鹦鹉全身是绿色的

两趾朝前，两趾朝后，有利于抓紧树枝

鹦鹉的头骨

鹦鹉的头骨相当宽大，脑容量也大，非常聪明。上喙和下喙的大弯钩正好对扣，可以压碎种子的外壳。

宽大的头骨

锋利的上喙

下喙像凿子一样，可以敲开坚果的外壳

鹦鹉的生活习性

鹦鹉大多色彩绚丽，音域高亢，那独具特色的钩喙使人们很容易识别这些美丽的鸟儿。它们一般以配偶和家族形成小群，栖息在林中树枝上，自筑巢或以树洞为巢，食浆果、坚果、种子、花蜜。

葵花凤头鹦鹉

金刚鹦鹉

粉红凤头鹦鹉

棕榈凤头鹦鹉

风信子金刚鹦鹉

红尾黑凤头鹦鹉

彼斯奎氏鹦鹉

长嘴凤头鹦鹉

啄羊鹦鹉

黄尾黑凤头鹦鹉

鹦鹉大聚会

不会飞的鸵鸟

鸵鸟是现在世界上存活着的最大的鸟(又名非洲鸵鸟)，雄鸟高约2.75米。它们生活在沙漠、草原地带，但是它们却不会飞。鸵鸟坚硬的脚爪补偿了这一缺陷，鸵鸟每小时可以奔跑70千米。鸵鸟的腿长而健壮，它的双翼却很小。由于它们像骆驼那样，可以在热带沙漠中奔跑，所以它们被称作"鸵鸟"。

大眼睛密切关注周围的危险情况

脖子很长

有羽毛可不会飞翔

粗壮的长腿有利于奔跑

脚趾粗大而有力

鸵鸟的诞生

大概要经过六个星期的孵化，鸵鸟才能完全成形。因为鸵鸟蛋很结实，小鸵鸟必须花费很大的力气才能将蛋壳啄破。如果小鸵鸟实在是力量不够的话，也只有靠鸵鸟妈妈帮忙了。总之，小鸵鸟们最后都会顺顺利利来到这个世界。

鸵鸟的头骨

从鸵鸟的头骨我们可以知道，鸵鸟的头很小，嘴长而不尖，而且没有牙齿，所以必须吃一点小石子来帮助消化。

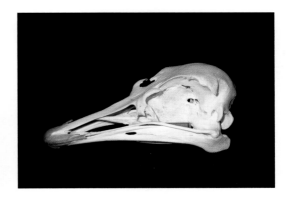

成群结队

鸵鸟平时三五成群，有时会二十余只栖息在一起。经常与羚羊、斑马在同一地区出没，这些动物利用鸵鸟所具有的敏锐眼力以提供警告。雄鸵鸟在繁殖季节会划分势力范围，当有其他雄性靠近时会利用翅膀将之驱离并大叫，它们的叫声洪亮。

鸵鸟小档案

家庭出身：	脊索动物门，鸟纲，鸵科
聚 居 地：	热带沙漠、草原
体　　重：	120～155千克
主要食物：	杂食
产卵数量：	每次15～60枚

不会飞翔但会奔跑

鸵鸟虽然不会飞翔，但是它却善于奔跑。当它们受到惊吓或追捕猎物时，能以每小时50～70千米的速度高速奔跑，而且鸵鸟可以以这样的速度在广阔的沙漠里持久奔跑。这样快的速度，不仅令羚羊望尘莫及，连斑马都要甘拜下风。

针叶林里的小鸟儿

　　在北方的针叶林地区，因为林地能提供丰富的食物和筑巢条件，所以该地区成为鸟儿们聚居的天地。但由于天气异常寒冷，很多鸟儿会飞到温暖的地方过冬，等到温暖的季节，它们又会聚集到这里。

松鸦

　　松鸦翼上有黑色及蓝色镶嵌图案，腰白。髭纹黑色，两翼黑色，具白色块斑。飞行时两翼显得宽圆。

雀鹛

　　雀鹛体型略小、色彩鲜艳，腹部黄色，喉色深；头偏黑，耳羽灰白，白色的顶纹延伸至上背。上体灰黑色，可以连续不断叽喳低叫。

大山雀

　　大山雀背羽灰绿色，头黑且两侧白色，形成明显的白斑状。腹面白色，正中则纵贯以黑色宽纹，加以前胸黑缘，故形成丁形的黑襟。

旋木雀

　　旋木雀体型略小，背部褐色，具白色纵纹，腹部银白色，尾羽坚硬。主要分布于中国东北、西北和西南地区。

柳莺

　　柳莺的体型比麻雀小得多，背羽以橄榄绿或褐色为主，腹部淡白，嘴细尖，常在枝头不停地穿飞捕虫，是十分活跃的小鸟。而且在枝间跳跃时，会不时地发出一声声细尖而清脆的叫声，很容易识别。

吸汁啄木鸟

头部有醒目的斑纹，红胸红颈。在树上钻一排排整齐且密集的洞，穿透树皮以获得树汁和昆虫，也在半空捕捉昆虫。

太平鸟

太平鸟体羽松软，头部有一簇柔软的冠羽，嘴短，略呈钩状，喜群居，多树栖，以浆果为主食，兼食昆虫。

北美黑啄木鸟

北美黑啄木鸟的尾部羽毛坚硬，可以支在树干上，为身体提供额外的支撑。它们坚硬的喙能够快速在树干上啄出一个深深的小洞并闪电般伸出长长的舌头捕捉到昆虫。

红眼绿鹃

红眼绿鹃是西半球最原始的鸣禽。嘴结实但狭窄，末端钩曲，嘴基有细须。体长10～18厘米，体色不鲜艳，素灰色或淡绿色，有白或黄的色调（雌雄相似）。

岩鸽

岩鸽栖息在山岩峭壁上，常数十只结群活动，飞行速度较快，飞行高度较低。在地上或树上觅食种子和果实。在山崖岩缝中用干草和小枝条筑巢。

灰林鸮

灰林鸮是一种中等身形的猫头鹰，在亚欧大陆的林地很普遍。

会 "唱歌" 的鸟儿

　　会唱歌的鸟儿并不是说鸟儿能像人一样唱出动听的歌来，而是指它们的叫声非常悦耳，听起来像是在唱歌。像我们所熟悉的画眉鸟、百灵鸟和杜鹃鸟等，它们都是以婉转悦耳的叫声而为人们所熟悉的。

黑鸟

　　这种黑鸟总是在黎明的时候，站在高高的树枝上热情地鸣唱。

大苇莺

　　大苇莺常栖息于河边或湖畔的苇丛间，有时也飞至附近的树上。鸣声富有音韵，颇为动听。

苍头燕雀

　　苍头燕雀顶冠及颈背灰色，上背粟色，脸及胸偏粉色。鸣声为富有韵律的降调鸣唱，后转为轻快的"演唱"。

知更鸟

　　知更鸟长着红色的胸毛，上面有美丽的胸斑，黑色的脑袋，明亮的眼睛。知更鸟的鸣声婉转，曲调多变，深受人们的喜爱。

蚁鸟

　　蚁鸟分布在墨西哥和阿根廷北部的茂密森林或丛林地带，多数种类在地面觅食。它的鸣声洪亮但不悦耳，听起来像回声二重唱。

侏儒鸟

　　侏儒鸟的求爱曲是由雄性的翅膀演奏出来的，听起来就像清脆的"滴叮"声。中间的"滴"声非常高亢，而"叮"声则持续不断，像小提琴的声音。

槲鸫

槲鸫下体皮黄白而密布黑色斑点，背部褐色，外侧尾羽端白，翼下白，覆羽边缘白色。雌鸟似雄鸟。鸣声凄凉且抑郁，似乌鸦。

云雀

云雀都有高昂悦耳的叫声。在求爱的时候，雄鸟会唱着动听的歌曲在空中飞翔，或者响亮地拍动翅膀，以吸引雌鸟的注意。

绿鹃

绿鹃的喙结实但狭窄，稍有缺刻，末端钩曲，喙基有细须。体色不鲜艳，素灰色或淡绿色，有白或黄的色调。它在叶丛中觅食昆虫，反复发出短促洪亮的鸣声。

麻雀

麻雀栖息于民房和田野附近。它在地面活动时双脚跳跃前进。它的翅短圆，不耐远飞，鸣声喧噪。主要以谷物为食。

红耳鹎

红耳鹎在乔木树冠层或灌丛中活动和觅食。善鸣叫，鸣声轻快悦耳，有似"布匹布匹"或"威踢哇"的声音。通常一边觅食，一边鸣叫。

太阳鸟

世界上共有14种太阳鸟，分布于亚洲南部、菲律宾群岛和印度尼西亚。叫声悦耳动听。

伯劳鸟

伯劳鸟比知更鸟要小些，羽毛一般是灰色或淡褐色，翅膀和尾为黑色并带有白色的斑，眼睛周围是一圈明显的黑色。叫声低沉。

嘲鸟

嘲鸟又名模仿鸟，有"雀类语言家"之称。它的叫声动听多样，可以模仿多达30种以上的声音，并且还能加上自己独特的变调。

沙漠里也有鸟儿

在干燥炎热的沙漠地区，鸟儿为了寻找食物，常需要飞行很长的距离。白天，它们在岩石的阴影下、仙人掌丛中或地下的洞穴中休息；夜晚，它们就会出来寻找食物。它们的食物以植物的种子或小虫为主。

栗翅鹰

在美洲的沙漠地带的公路旁经常可以发现栗翅鹰的身影。栗翅鹰以捕食鸟类和蜥蜴等小动物为主，当实在找不到食物的时候，也会吃动物的尸体。

姬鸮

吉拉啄木鸟

蜂鸟

棕曲嘴鹪鹩

阔嘴蜂鸟

沙鸡

　　这种鸟儿善于飞行，它们常常为了寻找水源而飞行数千米。可刚出生的小沙鸡怎么解决喝水的问题呢？原来沙鸡腹部的羽毛具有很强的吸附性，沙鸡就是通过这些羽毛来给孩子们带水的。

姬鸮

　　姬鸮的头较大，是圆形的。它们在生长着仙人掌的沙漠中最常见，也栖息于森林地区、干旱草原和潮湿的稀树草原。它们在仙人掌和树林里的洞穴中筑巢，因为仙人掌的刺可以帮它们抵御敌害的入侵。夜晚，它们才会出去寻觅昆虫。

棕曲嘴鹩鹩

　　棕曲嘴鹩鹩是美国体型最大的鹩鹩，长约20厘米，褐色的羽毛上有黑色的条纹，短喙稍微向下弯曲，翅膀短而圆。这种鸟栖息在沙漠地区，在墨西哥也很常见。

走鹃

　　走鹃是美国新墨西哥州的州鸟。体长约56厘米，橄榄褐色和白色羽毛相间，有条纹。羽冠短而蓬松，眼后皮肤裸露，蓝红相间。腿粗壮，浅蓝色。尾长，向上翘。它跑动的速度特别快，每分钟可达500多米。